Das Kinder-Gartenbuch

Vom Minigarten bis zum Insektenhotel

DOROTHEA BAUMJOHANN

blv

Inhalt

Frühling

10	Aussäen und Pikieren
14	Mein kleiner Garten
18	Hochbeet für Kinder
22	Vom Sandkasten zum Kräuterbeet
24	Gartenspaß in Töpfen und Kübeln
26	Kartoffelkübel
28	Erdbeertopf bepflanzen
30	Heidelbeeren im Topf
32	Bunte Früchtchen: Tomaten, Auberginen und Peperoni
34	Basteln fürs Osterfest
36	Apfel in der Flasche
38	Tipi aus Weide oder Feuerbohnen
42	Nistkasten bauen

Sommer

46	Miniteich anlegen
50	Kräuter ernten und genießen
54	Blattsalat mit Blüten zubereiten
56	Seltsame Pflanzen
58	Duftgeranien vermehren
60	Insektenhotel bauen

Herbst

70	Samenernte
72	Naturperlenketten basteln
74	Miniaturgarten anlegen
78	Tulpen und Narzissen vortreiben
80	Hyazinthentreiberei
82	Basteln mit Blättern
88	Herbstkranz basteln
92	Igelhaus bauen

Winter

98	Bratäpfel zubereiten
100	Adventskranz basteln
104	Dinkel-Duftkissen nähen
106	Stimmungsvolle Eislaterne basteln
108	Vogelfutter-Anhänger basteln
110	Vogelfutterhaus bauen

Anhang

116	Adressen, die Ihnen weiterhelfen
117	Stichwortverzeichnis
119	Über die Autorin / Impressum

Einführung

Mit voller Konzentration werden hier Möhren ausgesät. Aus dem eigenen Beet schmeckt das Gemüse gleich viel besser.

Auch oder gerade im heutigen Medienzeitalter, in dem Kinder viel Zeit vor dem Fernseher oder dem Computer verbringen, ist es vielen Eltern und Erziehern wichtig, Kindern die Zusammenhänge in der realen Natur näherzubringen. Sie möchten in ihren Schützlingen den Grundstein für ein bewusstes Umgehen mit ihrer Umwelt legen, damit sie auch später, als erwachsene Menschen, der Natur mit Achtung gegenüberstehen. Doch wie fängt man das an? Wie kann man die guten Absichten verwirklichen? Im »kleinen Prinzen«, der bekannten Geschichte von Antoine de Saint-Exupéry, kann man lesen, wie der Fuchs dem kleinen Prinzen den Beginn einer tiefen Freundschaft erklärt: »Aber wenn du mich zähmst, werden wir einander brauchen. »Zähmen« heißt, sich langsam annähern, sich mit etwas vertraut machen und sich damit zum Freund machen. Genauso entsteht die Liebe zur Natur. Geben Sie Kindern die Möglichkeit, die Natur kennenzulernen und sich mit ihr vertraut zu machen, dann wird eine enge Beziehung entstehen. Kinder sind sehr wissbegierig. Sie lernen mit allen Sinnen. Dabei sind es vor allem die eigenen, praktischen Erfahrungen, die Kinder für später prägen.

Mit diesem Buch möchte ich Ihnen einige Anregungen geben, was Sie mit Kindern in Garten und Natur praktisch machen können. Ich habe dabei alle Jahreszeiten berücksichtigt und auch an das Umfeld der Kinder gedacht. Es gibt Aktionen für Familien mit eigenem Garten, aber auch für kleine Balkon- und Terrassengärtner und -gärtnerinnen ist etwas dabei. Bei einigen Anregungen stehen die Pflanzen selbst im Vordergrund, bei anderen Anleitungen ist eher ein Augenmerk auf den Bastelspaß gelegt.

Wichtig war mir auch, dass Sie und Ihre Kinder mit diesen praktischen »Übungen« größere Zusammenhänge nachvollziehen können. So können Sie Pflanzen zuerst anziehen (Seite 10 ff.), dann in ein Beet oder Hochbeet setzen (Seite 14 ff.) und später dann ernten und zubereiten (Seite 54 f.). Oder Sie vermehren Kräuter durch Stecklinge (Seite 58 f.), setzen diese in ein Kräuterbeet (Seite 22 f.) und ernten und verwerten diese dann im Hochsommer (Seite 50 ff.).

Wichtig bei der Arbeit mit Kindern sind schnelle Erfolgserlebnisse. Setzen Sie darum beim Pflanzenanziehen oder Auspflanzen auf schnellwachsende und robuste Arten. Einen Hinweis dazu erhalten Sie in den jeweiligen Kapiteln. Da Kinder ihre Umwelt mit allen Sinnen erfassen, sind duftende Pflanzen bei ihnen ebenfalls sehr beliebt. Angenehme Dufterlebnisse in der Kindheit und Jugend bleiben ein Leben lang in Erinnerung. Die Anregungen mit Kräutern und den Duftgeranien werden darum sicherlich gut ankommen.

Wenn Sie jetzt hochmotiviert mit Ihren Kindern in den Garten gehen und einige der vorgestellten Aktionen nachmachen, habe ich mein Ziel erreicht. Setzen Sie die Erwartungen an Ihre Kinder aber bitte nicht zu hoch an. Nicht jedes Kind ist ein geborener Gärtner oder eine Gärtnerin, aber seien Sie gewiss, es wird etwas hängen bleiben. Unsere eigenen Kinder, die sowohl mit einer naturinteressierten Mutter als auch mit einem solchen Vater aufgewachsen sind, verbringen ihre freie Zeit nur selten freiwillig mit Gartenarbeit. Ehrlich gesagt können sie auch kaum eine Rose von einer Tulpe unterscheiden. Trotzdem waren sie zum Spielen immer gerne draußen an der frischen Luft und sind heute sehr an der Zubereitung gesunder Nahrungsmittel interessiert.

Auch bei meinen kleinen Garten-Fotomodels, die mir bei der Entstehung der Bilder für dieses Buch sehr geholfen haben, habe ich große Unterschiede festgestellt: Einige waren sehr eifrig bei der Sache, wenn sie mit den Händen in der Erde wühlen konnten, andere haben lieber gebastelt und gemalt, wieder andere waren begeisterte Zuhörer und Beobachter am Insektenhotel oder bei den »Seltsamen Pflanzen«. Ein paar Kinder waren so interessiert an der Sache, dass zu Hause gleich ein Miniteich angelegt wurde oder dass sie die angezogenen Pflanzen mitgenommen und sie daheim weitergepflegt haben. Bedanken möchte ich mich bei allen 14 Kindern, die allesamt mit Eifer dabei waren: bei Cedric, Christopher, Hannah, Jonas, Lara, Lando, Lilith, Lorenz, Lotta, Lucie, Mareike, Nele, Philip und Thomas.

Mit vorgetriebenen Blumenzwiebeln können Sie sich schon im Winter den Frühling ins Haus holen.

Ich wünsche Ihnen beim Gärtnern und Basteln mit Ihren Kindern viel Freude und Erfolg. Sie legen mit diesen Aktionen sicherlich die richtige Saat. Wie diese aufgeht und gedeiht, ist manchmal etwas überraschend und liegt nicht nur in Ihrer Hand.

Ihre Dorothea Baumjohann

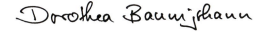

Frühling

Auf geht's! Der Frühling ist da! Jetzt können sich große und kleine Gärtner und Gärtnerinnen richtig ausleben. Sobald die ersten Sonnenstrahlen den Boden etwas erwärmt haben, wird gesät und gepflanzt. Vorher können Sie im Haus schon ein paar Jungpflanzen heranziehen. Wie wäre es außerdem mit dem Bau eines Nistkastens für die heimische Vogelwelt?

Aussäen und Pikieren

Aussaatgefäße kann man aus Zeitungspapier auch selbst herstellen: Mit einer Papiertopfpresse (Bezugsquelle: siehe Seite 116) ist das ganz einfach.

Wenn die Tage im März wieder länger werden, juckt es in den Fingern. Man sehnt sich nach frischem Grün und möchte am liebsten schon den Garten bestellen. Natürlich ist es dafür noch zu früh, aber die ersten Jungpflanzen können wir schon anziehen. Bei dieser Arbeit machen Kinder gerne mit. Ist es doch ein besonderes Erlebnis zu beobachten, wie ein unscheinbares Samenkorn keimt, sich langsam aus der Erde bohrt und dann seine Keimblätter entfaltet. Für die Jungpflanzenanzucht braucht man viel Platz auf der Fensterbank. Die Saatschalen lassen sich meistens noch gut unterbringen. Eng wird es, wenn die Pflanzen pikiert werden müssen. Dabei bekommt jedes Pflänzchen seinen eigenen kleinen Topf. Die Jungpflanzen müssen jetzt unbedingt hell stehen, da sie sonst sehr schnell lang und dünn werden.

AUF EINEN BLICK

Guter Zeitpunkt: Mitte bis Ende März

Zeitbedarf: Aussaat ca. 15 bis 30 Minuten, pikieren 60 bis 90 Minuten

Schwierigkeitsgrad: Mittel

Material und Werkzeug: Zum Aussäen: Aussaaterde, Samentüten, Aussaatschale mit Abdeckhaube, Erdsieb, Andrückholz, Ballbrause oder Sprühflasche; zum Pikieren: Blumenerde, kleine Töpfe oder Multitopfplatten, Pikierstab, Gießkanne mit feiner Brause

So wird's gemacht:

1 Kleine Schalen mit einer transparenten Abdeckhaube eignen sich besonders gut für die Aussaat von feinem Saatgut. Man bekommt sie im Handel oft unter der Bezeichnung »Zimmergewächshaus«. Füllen Sie die Aussaatschale mit Aussaat- und Vermehrungserde und streichen Sie diese mit der Hand oder einem Holzstab glatt. Ersatzweise kann man auch normale Blumenerde nehmen und mit Sand strecken. Aussaaterde ist besonders nährstoffarm. Dadurch wird die Wurzelbildung der Sämlinge gefördert.

2 Mit einem Andrückbrett wird die Erde etwas verdichtet, so dass ein Rand von etwa 0,5 cm entsteht. Andrückbrettchen gibt es in rund oder eckig, entsprechend den üblichen Topfmaßen und -formen. Man kann sie aber auch leicht selbst basteln.

3 Jetzt wird der Samen von Gemüse, Kräutern oder Sommerblumen gleichmäßig auf der Erdoberfläche verteilt. Ganz feine und dunkle Samen können Sie mit etwas trockenem Sand mischen. So können die Kinder die Verteilung der Samen besser sehen. Gut geeignet für die eigene Anzucht sind z. B. Salat, Kohlrabi, Ringelblumen, Tagetes, Malven, Kosmeen und Zinnien. Aber auch Tomaten- und Paprikapflanzen können selbst angezogen werden. Mit dem Brettchen werden die ausgestreuten Samen nun vorsichtig angedrückt.

4 Die meisten Pflanzen sind Dunkelkeimer. Darum wird das Saatgut mit einer Schicht Erde oder Sand in »Samenkornstärke« abgedeckt. Damit die Erde gleichmäßig und fein auf den Samenkörnern liegt, benutzt man dafür ein Gartensieb. Alternativ können Sie auch ein grobes Sieb aus der Küche zweckentfremden.

5 Für die Keimung brauchen die Samen Wasser. Die Aussaatschale wird jetzt gut angegossen. Damit die Samen nicht abgeschwemmt werden, muss man dabei sehr behutsam vorgehen. Geben Sie den Kindern zum Wässern eine Ballbrause (Bezugsquelle: siehe Seite 116) oder einen Pflanzensprüher. Eine Gießkanne mit sehr feinem Brausekopf eignet sich ebenfalls. War die Erde sehr trocken, wässert man nach einigen Minuten, wenn die erste Wasserportion versickert ist, ein zweites Mal.

6 Um die Keimung der ausgesäten Samen zu fördern, sorgt man für eine möglichst hohe Luftfeuchtigkeit. Diese bekommt man durch Abdeckung der Saatgefäße. Stehen die Saatschalen auf der Fensterbank, ist eine Abdeckung der Aussaaten wegen der trockenen Heizungsluft sehr wichtig. Spezielle Anzuchtschalen sind meistens mit einer transparenten Haube ausgestattet. Sie können aber auch einen durchsichtigen Plastikbeutel über die Schale ziehen oder eine Glasscheibe benutzen. Dann darf man die Schale allerdings nur zu $2/3$ mit Aussaaterde füllen. Zum Lüften wird die Abdeckung täglich für einige Minuten geöffnet. Dabei können die Kinder nachschauen, ob die Saat schon aufgeht.

7 Nach ein paar Tagen ist es so weit: Zuerst hebt sich die Erde an einigen Stellen, ein bis zwei Tage später spitzen die ersten Keimlinge aus dem Boden und recken sich nach dem Licht. Die Saatschalen müssen jetzt unbedingt hell stehen. Sämlinge bilden anfangs Keimblätter, die einfach gebaut sind und anders aussehen als die typischen Blätter der Pflanze. Bald danach entfalten sich die ersten richtigen Blätter. Die Sämlinge stehen nach kurzer Zeit dicht an dicht, nehmen sich gegenseitig das Licht weg und brauchen dringend ein »Einzelzimmer«. Das ist der richtige Zeitpunkt zum Pikieren (= Vereinzeln).

8 Füllen Sie kleine Töpfe von 7 bis 9 cm Durchmesser oder Multitopfplatten mit Blumenerde und drücken Sie diese vorsichtig an. Töpfe und Multiplatten gibt es auch aus gepresstem Torf (Bezugsquelle: siehe Seite 116). Diese haben – wie die selbst gemachten Zeitungstöpfe – den Vorteil, dass man die Pflanzen später mit Topf ins Beet oder in Kübel und Kästen setzen kann. Den Pflanzen bleibt damit ein weiterer »Pflanzschock«, den sie durch unvermeidbare Wurzelverletzungen beim Umpflanzen erleiden, erspart. Drücken Sie mit dem Pikierstab ein tiefes Loch in die Erde. Mit der dünnen Seite des Pikierstabes fasst man unter die Sämlinge, lockert die Erde ein wenig und zieht dann vorsichtig Pflänzchen für Pflänzchen aus der Saatkiste. Dabei brauchen die Kinder, je nach Geduld und Geschick, ein wenig Hilfe, denn die Wurzeln der kleinen Pflanzen reißen leicht ab.

9 Vorsichtig werden die Sämlinge im letzten Schritt bis zu den Keimblättern in das Pflanzloch des neuen Topfes gesetzt. Drücken Sie die Erde rundherum leicht an. Zum Schluss überbrausen Sie die Pflanzen mit Wasser und stellen die Töpfe an einem hellen und warmen Platz auf.

TIPP: Große Samen, wie die von Feuerbohnen oder Sonnenblumen, können direkt in einen kleinen Topf gesät werden. Sie sparen sich so das Pikieren. Füllen Sie die Töpfe zur Hälfte mit aufgedüngter Blumenerde und geben Sie darauf eine Schicht Aussaaterde. So können die Samen anfangs in dem nährstoffarmen Substrat Wurzeln bilden. Diese wachsen dann tiefer in die Blumenerde und können gleich Nährstoffe mit aufnehmen.

Mein kleiner Garten

Das Kinderbeet sollte einen sonnigen Platz im Garten bekommen. Klar abgegrenzt vom übrigen Garten hat das Kind seinen eigenen Verantwortungsbereich.

Den Traum von der eigenen Scholle haben nicht nur Erwachsene. Auch Kinder sind hoch motiviert, wenn man ihnen ein Stückchen Land zuteilt, das sie eigenverantwortlich bepflanzen dürfen. Ein bis zwei Quadratmeter, deutlich gekennzeichnet, reichen schon aus. Kinder übernehmen gerne Verantwortung für diesen überschaubaren Bereich. Wählen Sie die Pflanzen mit Ihren Kindern nach deren Vorlieben aus. Sie können Jungpflanzen selbst anziehen (siehe Seite 10 ff.) oder im Gartencenter bzw. auf dem Wochenmarkt kaufen. Besonders geeignet sind schnell wachsende Arten wie Salat und Radieschen sowie Obst und Gemüse, das man direkt vom Beet naschen kann, wie Erdbeeren, Erbsen und Möhren. Aber auch Pflanzen, die eine beeindruckende Größe erreichen, wie Zuckermais oder Sonnenblumen, und duftende Blumen, etwa Duftwicken und schmackhafte, wohlriechende Kräuter, wie Lavendel oder Schnittlauch, kommen gut an.

AUF EINEN BLICK

Guter Zeitpunkt: Etwa ab April
Zeitbedarf: 1 bis 2 Stunden
Schwierigkeitsgrad: Mittel
Material und Werkzeug: Weidenzaun, Saatgut, Jungpflanzen, Spaten, Harke, Pflanzschaufel

So wird's gemacht:

1 Unser Kinderbeet haben wir an zwei Seiten mit einem dehnbaren Weidenzaun (Bezugsquelle: siehe Seite 116) vom Gemüsegarten abgegrenzt. Die Zäune passen sich jeder Beetgröße an und dienen als Gerüst für Kletterpflanzen. Bevor gesät und gepflanzt werden kann, muss der Boden mit einer Grabgabel umgegraben und gelockert werden. So kommt Luft in den Boden, die die Pflanzenwurzeln unbedingt benötigen. Kleine Kinder können mit den Gartengeräten der Erwachsenen nur schwer arbeiten. Helfen Sie bei schweren Arbeiten oder besorgen Sie spezielles Kinderwerkzeug (Bezugsquelle: siehe Seite 116).

2 Der Weidenzaun sieht begrünt noch schöner aus. Das geht leicht mit einjährigen Kletterpflanzen und Erbsen. Für die rechte Seite sind Duftwicken vorgesehen (Bezugsquelle: siehe Seite 116). Sie können sie schon auf der Fensterbank in kleinen Töpfen vorziehen (siehe Seite 10ff.) oder direkt an Ort und Stelle aussäen. Setzen Sie die Duftwicken abwechselnd vor und hinter den Zaun, dann wird die Bepflanzung schön dicht. Jungpflanzen in verrottbaren Torfpresstöpfen können mitsamt Topf im Beet ausgepflanzt werden. Die Pflanzen wachsen dann ohne »Pflanzschock«, den sie durch unvermeidbare Wurzelverletzungen beim Austopfen erleiden, zügig weiter.
TIPP: Reißen Sie den Torfpresstopf seitlich etwas auf, damit die Wurzeln auch sicher den Weg ins Erdreich finden.

3 Vor und hinter dem rückwärtigen Weidenzaun werden Erbsen gesät – ein ideales Naschgemüse, das Kindern besonders gut schmeckt. Wählen Sie eine Zuckererbsensorte. Diese können Sie anfangs mitsamt der Hülse essen; wenn sie etwas reifer sind, nascht man nur die grünen Körner. Für die Aussaat zieht man eine 3 bis 5 cm tiefe Rille, in die die Erbsen im Abstand von 2 bis 3 cm hineingelegt werden. Diese Aufgabe erledigen die Nachwuchsgärtner mit Geduld und Hingabe. Das Anordnen der gut sichtbaren Samen in gleichmäßigen Abständen hat für Kinder etwas Meditatives, auf das sie sich vollkommen konzentrieren können. Die Samen werden dann wieder mit Erde bedeckt. Das kann man vorsichtig mit einer Harke oder mit der Hand machen.

4 Zur linken Seite haben wir unser Kinderbeet mit Zuckermais abgegrenzt. Mais wächst sehr schnell zu einem hohen »Zaun« heran. Sie können ihn direkt aussäen oder vorgezogene Jungpflanzen setzen. Zuckermaispflanzen entwickeln sich optimal, wenn sie in der Reihe mit einem Abstand von etwa 25 cm eingepflanzt werden. Zuckermais kann roh gegessen werden. Er wird geerntet, wenn die sogenannte Milchreife erreicht ist. Sie beginnt, wenn der Maiskolben etwa 20 cm lang ist und die Fäden, die aus dem Kolben herausschauen, anfangen, sich braun zu verfärben.

5 Die Beetbegrenzungen sind nun fertiggestellt. Nach so viel Gemüse sind jetzt erst einmal wieder leuchtende und duftende Blumen dran. Eine Vanilleblume und zwei weiß blühende Margeriten finden Einzug in das Kinderbeet. Beide Pflanzenarten gehören zum Beet- und Balkonpflanzensortiment und sind von April bis Juni überall zu bekommen. Sie sind nicht frosthart und können daher erst ab Mitte Mai draußen ausgepflanzt werden. Die Vanilleblume hat übrigens nichts mit der echten Vanille zu tun. Sie verströmt aber einen angenehmen Duft, der an sie erinnert. Abgerundet wird die Blumenecke noch mit einer Erdbeerpflanze, die bei allen Kindern ganz oben auf der Pflanzenwunschliste steht.

6 Damit man alle Pflanzen im Beet gut erreichen kann, werden zwischen den einzelnen Kulturen »Pattwege« angelegt. Mit einer Schaufel wird der Verlauf des Weges gekennzeichnet. Dazu wird in »Schaufelbreite« zunächst etwas Erde flach abgetragen. Befestigt wird der Weg, indem man mit ganz kurzen Schritten einige Male hin- und herläuft. Das macht Spaß und ist genau die richtige Arbeit für Kinderfüße in Gummistiefeln!

7 Auf der restlichen Fläche werden Kartoffeln und Salat gepflanzt und Möhren ausgesät. Möhrensaatgut ist sehr fein und sollte nur ganz dünn in der Saatrille ausgestreut werden. Geht die Saat zu dicht auf, muss man die Pflanzen ausdünnen: Man zieht, sobald sie ca. 2 bis 3 cm groß sind, einen Teil der Möhrenpflänzchen aus, damit sich die übrigen gut entwickeln können.
TIPP: Geben Sie Ihrem Kind für die Möhrenaussaat Saatbänder: Papiervliesstreifen, in die die Samen in genau dem richtigen Abstand eingearbeitet sind. Saatbänder werden einfach in die Saatrillen gelegt, gut angegossen und wieder mit Erde bedeckt.

8 Nach dem Pflanzen und Säen muss alles gut angegossen werden. Eine Gießkanne, die oben und an der Seite einen Griff hat, kann mit zwei Händen gehalten werden. Trotzdem sollten Kindergießkannen höchstens 5 l fassen, damit sie von den kleinen Gärtnern und Gärtnerinnen problemlos getragen werden können. Bei warmem und trockenem Wetter muss anfangs, bis die Saaten aufgelaufen und die Jungpflanzen gut angewachsen sind, täglich gegossen werden.

9 So sieht das Beet nach etwa sechs Wochen aus: Die Wicken beginnen zu blühen, die Erbsen setzen schon an, Möhren, Kartoffeln und Mais stehen in Reih und Glied. Unten sehen Sie einen Pflanzplan des kleinen Beetes. Der Plan kann natürlich nach eigenem Geschmack abgewandelt werden.

Hochbeet für Kinder

Die ersten eigenen Radieschen können nach etwa vier bis sechs Wochen geerntet werden. Sie schmecken besonders gut im Salat oder, in dünne Scheiben geschnitten, auf einem Butterbrot.

Auf bequemer Arbeitshöhe im Garten buddeln, sich dabei auch einmal in Ruhe setzen und Insekten, Regenwürmer oder einfach nur die Pflanzen betrachten – das mögen auch Kinder. Möglich ist das mit einem Hochbeet. Wie im eigenen Gartenbeet haben die Kinder auch hier die Möglichkeit, auf einer klar abgegrenzten Fläche eigenverantwortlich Pflanzen anzuziehen. Neben der komfortablen Arbeitshöhe bietet ein Hochbeet noch weitere Vorteile: Die Erde erwärmt sich schneller als der Gartenboden, darum kann man es etwas früher im Jahr bepflanzen.

Das Hochbeet wird ganz einfach aus den vorgefertigten Regalböden eines Kellerregalsystems zusammengebaut. Die Beetgröße ergibt sich also aus der Größe der Regalbretter. Unser Hochbeet hat eine Grundfläche von 80 × 80 cm und ist 30 cm hoch. Im Garten bekommt es einen sonnigen Platz.

AUF EINEN BLICK

Guter Zeitpunkt: Zusammenbauen und befüllen: Frühjahr oder Herbst; bepflanzen: ab Ende März

Zeitbedarf: Zusammenbauen und befüllen: 1 Wochenende; bepflanzen: 1 bis 2 Stunden

Schwierigkeitsgrad: Mittel

Material und Werkzeug: Pro Beet 4 Regalbretter, stabile Folie, umweltfreundliche Farbe, 8 Verbindungslaschen aus Messing, 16 Holzschrauben, Pinsel, Akkuschrauber, Handtacker, Schubkarre, Schaufel, Pflanzschaufel, Gießkanne

Füll- und Pflanzmaterial: Gartenerde, Kompost oder Pflanzerde, Pflanzen und Saatgut nach Wunsch

So wird's gemacht:

1 Die Regalböden aus unbehandeltem Massivholz werden vor dem Zusammenbauen mit einer wetterfesten Holzschutzfarbe oder Lasur auf Wasserbasis gestrichen. Die giftigen Dämpfe einer lösungsmittelhaltigen Farbe sind nicht pflanzenverträglich. Wer es ganz richtig und haltbar machen möchte, streicht zweimal: zuerst mit einer speziellen Farbe für den Voranstrich. Wenn diese Farbe trocken ist, kommt der zweite Anstrich in dem gewünschten Farbton. Die Regalböden müssen einige Stunden, am besten über Nacht, trocknen.

2 Am nächsten Tag kann das Hochbeet zusammengebaut werden. Verbinden Sie die Bretter mithilfe der Messinglaschen so, wie Sie es auf dem Bild sehen. Die Laschen werden mit Holzschrauben befestigt, die sich mit einem Akkuschrauber leicht eindrehen lassen. Geben Sie Ihrem Kind dabei Hilfestellung und halten Sie die Bretter im rechten Winkel zueinander fest. Etwas größere Kinder sind stolz, wenn sie den Akkuschrauber selbst halten dürfen. Eventuell können Sie die Schrauben halb eindrehen und Ihr Kind die Arbeit dann zu Ende führen lassen. Zuerst werden alle Böden auf der Oberseite miteinander verbunden. Danach drehen Sie das Gestell um und richten es noch einmal genau rechtwinklig aus. Zusätzlich werden die Seitenwände an der Unterseite auf die gleiche Weise verbunden. Das sorgt für Stabilität.

3 Damit keine Erde aus dem Hochbeet herausrieselt, werden die Seitenwände mit Folie ausgekleidet. Am oberen Rand lässt sich die Folie problemlos mit einem Tacker befestigen. Keinesfalls darf der Boden mit Folie bedeckt werden. Das würde schnell zu Staunässe im Beet führen, die Wurzelkrankheiten verursachen kann. Außerdem bliebe Regenwürmern und andere Lebewesen, die den Boden lockern und für Nährstoffnachschub sorgen, der Zutritt verwehrt.

4 Spätestens jetzt wird das Hochbeet an einem sonnigen Platz aufgestellt und kann mit Erde gefüllt werden. Mischen Sie etwa zwei Schubkarren Gartenerde mit einer halben Karre Kompost oder einem großen Sack Pflanzerde und schaufeln Sie die Mischung in das Beet. Die kleinen Gärtner helfen Ihnen dabei sicher gerne.
TIPP: Für ein klassisches Hochbeet mit dem typischen Schichtaufbau aus Gehölzschnitt, Stallmist, Laub, Rasensoden, grobem und feinem Kompost und einer Pflanzschicht aus Gartenerde ist unsere Kindervariante nicht hoch genug. Die Mindesthöhe für ein solches Beet beträgt 80 cm.

5 Im Prinzip ist das Beet jetzt pflanzfertig. Trotzdem wäre es gut, wenn Sie ein paar Tage Geduld haben und warten, bis sich die locker eingeschaufelte Erde ein wenig gesetzt hat. Dann schaufeln Sie ein bisschen Erde nach und es kann losgehen. In der Zwischenzeit können Sie schon Pflanzen und Samen einkaufen. Lassen Sie den kleinen Gärtnern und Gärtnerinnen bei der Auswahl möglichst viel Freiheit. Eigenverantwortung ist hoch motivierend. Stehen Sie aber mit Rat und Tat zur Seite, damit kein Frust aufkommt. Rasch wachsende Gemüse- und Blumenarten sorgen für schnelle Erfolgserlebnisse. In unserem Hochbeet haben wir zuerst Radieschen und Möhren ausgesät, die in der lockeren Erde besonders gut gedeihen und den meisten Kindern zudem noch gut schmecken.

6 Auf dem Markt haben wir außerdem einige Kohlrabi- und Salatjungpflanzen eingekauft, die jetzt gepflanzt werden. Kinder suchen sich dann meistens noch bunte Blumen aus, die mit auf das Beet sollen. Wir haben uns hier für einige Tagetespflanzen entschieden, die zwischen das Gemüse gepflanzt werden. Nach dem Pflanzen und Säen wird das Beet gut angegossen. Verwenden Sie dazu eine Gießkanne mit Brausekopf.
TIPP: Rotblättrige Salatsorten wie ›Roter Eichblatt‹ und ›Lollo Rosso‹ werden deutlich seltener von Blattläusen befallen. Diese werden nämlich von der gelbgrünen Farbe der Salate angelockt.

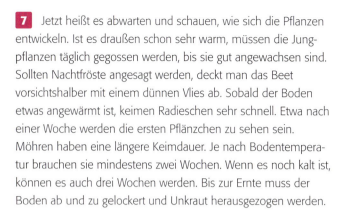

7 Jetzt heißt es abwarten und schauen, wie sich die Pflanzen entwickeln. Ist es draußen schon sehr warm, müssen die Jungpflanzen täglich gegossen werden, bis sie gut angewachsen sind. Sollten Nachtfröste angesagt werden, deckt man das Beet vorsichtshalber mit einem dünnen Vlies ab. Sobald der Boden etwas angewärmt ist, keimen Radieschen sehr schnell. Etwa nach einer Woche werden die ersten Pflänzchen zu sehen sein. Möhren haben eine längere Keimdauer. Je nach Bodentemperatur brauchen sie mindestens zwei Wochen. Wenn es noch kalt ist, können es auch drei Wochen werden. Bis zur Ernte muss der Boden ab und zu gelockert und Unkraut herausgezogen werden.

8 Radieschen, Salat und Kohlrabi werden nacheinander schnell erntereif. Möhren dagegen haben eine längere Kulturdauer. Von der Aussaat bis zur Ernte vergehen mindestens vier Monate. Trotzdem verzichten Kinder in ihrem eigenen Beet nur ungern auf dieses leckere Gemüse. Möhren wachsen außerordentlich gut in der locker eingeschichteten Erde des Hochbeetes. Man sieht es an der reichen Ernte, die hier voller Stolz in den Händen gehalten wird.

9 Auch Kartoffeln wachsen sehr gut in der lockeren und warmen Erde des Hochbeetes. Wir hatten im Frühjahr ein zweites Hochbeet gebaut und dieses nur mit Kartoffeln bepflanzt. Im April gesetzt, rechnet man bei Kartoffeln ungefähr mit 100 Tagen bis zur Ernte. Geerntet werden kann, wenn das Laub der Kartoffeln abzusterben beginnt. Mit einer Grabgabel werden die Kartoffeln vorsichtig aus dem Boden gehoben. Wie groß unsere Ausbeute war, ist unschwer zu erkennen.

Vom Sandkasten zum Kräuterbeet

Sind die Kinder aus dem Kleinkindalter heraus, wird aus dem Sandkasten schnell eine verwaiste und ungenutzte Ecke. Dabei hat er oft einen ausgesucht schönen Platz. Da bietet sich die Umgestaltung zu einem Kräuterbeet nahezu an. Kräuterpflanzen benötigen nicht viel Platz und liefern der Küche eine gesunde und aromatische Vielfalt. Und mit einem Kräuterbeet werden Ihre Kinder den Bezug zu ihrem einstigen Lieblingsplatz im Garten nicht verlieren.

Mit blühenden Kräuterpflanzen können Sie aber noch weitere Pluspunkte sammeln: Für Insekten wie Bienen, Hummeln und Schmetterlinge ist das Nahrungsangebot knapp geworden. Ein Kräuterbeet bietet ihnen eine reichhaltige Nahrungsquelle. Im Gegenzug bestäuben sie Obst- und Gemüsepflanzen und wirken regulierend bei Schädlingsbefall. Schaffen Sie nahe dem Kräuterbeet einen Beobachtungsposten für sich und Ihre Kinder. Denn vor allem durch Beobachtung kann man viel über die Lebensweise der wertvollen Helfer lernen.

Während alle ausgewählten Kräuter in der Sonne gut gedeihen, wird der Boden für zwei Gruppen vorbereitet. Die mediterranen Kräuter bekommen mageren Sandboden, die Küchenkräuter Dill, Schnittlauch und Petersilie einen nährstoffreicheren Bereich.

So wird's gemacht:

1 Unser Sandkasten war mit großen Steinen umrahmt, die für ein Kräuterbeet ebenfalls sehr passend sind. So mussten wir gestalterisch nichts ändern. Ein Sandkasten mit einer Holzumrandung kann gut zu einem Kräuterhochbeet umfunktioniert werden. Gefällt Ihnen die Ausgangssituation nicht, räumen Sie erst einmal alle störenden Elemente beiseite. Fahren Sie dann die Sandreste in einer Schubkarre bis auf einen Rest (etwa zwei Eimer) ab. Füllen Sie das Beet mit Gartenerde, Pflanzerde oder Kompost. Um für bestimmte Kräuter einen mageren Standort zu schaffen, wird die Erde auf einer Beethälfte wieder mit dem Sandrest vermischt.

2 Haben Sie Kompost eingearbeitet, ist keine weitere Nährstoffzugabe nötig. Sonst düngen Sie mit einem organischen Dünger. Die magere Hälfte mit dem Sand bekommt Dünger für den Bedarf von »Schwachzehrern«, die andere Hälfte des Beetes für »Mittelstarkzehrer«. Mischen Sie die Erde und den Dünger gut durch und harken Sie das Beet glatt.

3 In vielen Gartencentern finden Sie im Frühjahr eine große Auswahl an Kräuterpflanzen. Zu einer Grundausstattung gehören Schnittlauch, Petersilie und Dill. Sie wachsen auf dem nährstoffreichen Boden. Für die magere Beethälfte kaufen Sie Salbei, Rosmarin, Lavendel, Oregano und Thymian.

4 Das Bepflanzen des Beetes ist dann schnell gemacht. Zuerst werden die Kräuter auf dem Beet verteilt, wobei Sie natürlich die Bodenansprüche im Blick behalten müssen.

5 Gefällt Ihnen das Arrangement, pflanzen Sie die Kräuter ein. Zuerst wird der Topf entfernt. Dann graben Sie mit einer Handschaufel ein Loch, so tief wie der Wurzelballen, und setzen die Pflanze ein. Mit den Händen schieben Sie das Loch wieder komplett zu und drücken die Erde vorsichtig an.

6 Zum Schluss fehlt nur noch ein kräftiger Schuss Wasser aus einer Gießkanne, damit alle Wurzeln einen guten Bodenschluss bekommen.

AUF EINEN BLICK

Guter Zeitpunkt: Anfang März bis Ende Mai
Zeitbedarf: 2 bis 3 Stunden
Schwierigkeitsgrad: Mittel
Material und Werkzeug: Ca. 2 m² Beet, 6 verschiedene Kräuter für sonnigen Standort, Pflanzerde, eventuell Sand, Schubkarre, Spaten, Schaufel, Harke, Pflanzschaufel

Gartenspaß in Töpfen und Kübeln

Wer keinen eigenen Garten hat, muss nicht traurig sein: Gärtnern kann man auch wunderbar im Topf und im Blumenkasten. Eine kleine Ecke auf dem Balkon oder auf der Terrasse, in der Kinder ungestört, in eigener Regie pflanzen und säen können, macht genauso viel Freude. Neben den üblichen blühenden Beet-, Balkon- und Kübelpflanzen können Sie auch Obst und Gemüse, vor allem aber Kräuter in Töpfen, Kästen und Kübeln ziehen. Sicherlich kann man keinen Selbstversorgergarten auf der Terrasse anlegen, zum Experimentieren und Probieren reichen ein paar Töpfe aber allemal.

1 **Viele Gemüsearten** eignen sich ohne Weiteres für die Topf- und Balkonkastenkultur. Das sieht nicht nur schön aus, sondern schmeckt auch gut. Radieschen, Schnittsalat und Rucola kann man reihenweise im Balkonkasten aussäen. Ein besonderer Spaß für Kinder ist die Kartoffelanzucht in einem großen Kübel (siehe Seite 26). Verschiedene Kopfsalate und vor allen Dingen Mangold gedeihen prachtvoll im Topf. Von Mangold gibt es Sorten mit bunten Stängeln, die Sie ernten und essen können und die zudem einen hohen Zierwert haben. Salat und Mangold ziehen Sie am besten auf der Fensterbank vor (siehe Seite 10 ff.). Die Jungpflanzen werden dann in einen größeren Topf mit nährstoffreicher Erde gepflanzt. Haben Sie keine spezielle Gemüseerde, können Sie alternativ auch Balkon- und Geranienerde oder Kübelpflanzenerde verwenden.

2 **Fruchtgemüse** wie Tomaten, Paprika, Auberginen (siehe Seite 32) und Schlangengurken können auch in einem großen Topf gezogen werden. Diese typischen Gewächshauspflanzen gedeihen gut auf einer überdachten Terrasse an der Südseite. Schlangengurken sind Rankpflanzen und benötigen eine Kletterhilfe. Im Fachhandel werden u. a. veredelte Jungpflanzen angeboten. Diese sind besonders robust und widerstandsfähig gegenüber vielen Pilzkrankheiten. Geerntet werden Schlangengurken, noch bevor sie die Supermarktgröße erreicht haben. Dann sind sie geschmacklich am besten. Mini-Sorten pflückt man, sobald die Früchte 12 bis 15 cm lang sind. Kinder mögen sie sehr gerne, da die Haut besonders zart ist.

3 **Kräuter im Topf** anzubauen ist selbstverständlich. Einige wärmeliebende Arten wie z.B. Basilikum gedeihen an einer warmen und geschützten Stelle auf der Terrasse besser als im Beet. Duftende Kräuter wie Lavendel, Salbei und Rosmarin eignen sich ebenfalls gut für die Topfkultur. Kinder ziehen auch gerne Kapuzinerkresse an. Sie wächst schnell und man kann sogar ihre Blüten essen.

4 **Auch Obst** kann man natürlich auf der Terrasse oder dem Balkon ernten. Dabei stehen Erdbeeren bei Kindern auf der Beliebtheitsskala ganz oben. Auch Beerensträucher wie z.B. die Kulturheidelbeere gedeihen in großen Pflanzkübeln. Wie man Erdbeeren und Heidelbeeren in großen Töpfen kultiviert, können Sie auf den Seiten 28 bis 31 nachlesen.

5 **Kinder ordnen, sortieren und benennen** ihre Pflanzen gerne. Hier wurden alle Töpfe auf einer Pflanzentreppe angeordnet. Die Kinder haben alle Pflanzen mit einem Etikett versehen, auf den sie den Pflanzennamen geschrieben haben. Ganz nebenbei lernen die Nachwuchsgärtner so schnell viele verschiedene Pflanzen kennen und können diese auch benennen. Solche Schilder, z.B. die hier zu sehenden Tafelstecker (Bezugsquelle: siehe Seite 116), können Sie vorgefertigt kaufen oder auch ganz leicht, mit Ihren Kindern zusammen, selbst basteln. Dafür eignen sich z.B. Eisstiele aus Holz sehr gut.

6 **Ein wenig Pflege** erfordert auch ein Topfgarten. Gießen muss man an heißen Sommertagen täglich. Mit handlichen, kleinen Gießkannen ist das auch für Kinder kein Problem. Gemüse und Kräuter, die länger im Topf stehen, bevor sie geerntet werden, müssen auch gedüngt werden. Sechs Wochen lang reicht der Nährstoffvorrat in einer guten Blumenerde, dann muss Nachschub geliefert werden. Verwenden Sie am besten einen Flüssigdünger, der sich leicht dosieren lässt. Düngemittel gehören aber nicht in Kinderhände. An dieser Stelle müssen Sie sich einmischen. Möchten Sie das nicht, vergessen Sie den Dünger einfach und nehmen dafür weniger Ertrag in Kauf, was die Kinder auch nicht unbedingt stört.

Kartoffelkübel

Jedes Kind mag Kartoffeln in irgendeiner Form. Auch der Kartoffelanbau ist faszinierend: »Versteckt« man im Frühjahr eine Kartoffel in der Erde, wächst in kurzer Zeit eine beeindruckende Pflanze heran. Sie bildet wunderschöne Blüten und trägt auch oberirdisch Früchte, die jedoch giftig sind. Die Ernte steckt in der Erde. Dort haben sich die Knollen auf wundersame Weise vermehrt. Etwa 100 Tage nach der Pflanzung stirbt das Kartoffellaub ab: Jetzt kann geerntet werden. Nicht nur im Garten, auch in einem großen Topf ist der Kartoffelanbau ein Erlebnis, das einfach herzustellen ist und allen Kindern Spaß bereitet.

Kartoffelpflanzen erreichen im Topf eine beachtliche Größe. Der Kübel sollte darum groß, hoch und standfest sein. Verwenden Sie einen Tontopf oder einen leichteren Kunststofftopf in einem schweren Übertopf. Achten Sie darauf, dass der Pflanztopf Wasserabzugslöcher hat. Kartoffeln sind empfindlich gegenüber Staunässe. Im Untersetzer sollte daher niemals Wasser stehen.

So wird's gemacht:

1 Zunächst lässt man die Kartoffeln vorkeimen. Das ist nicht unbedingt notwendig, verschafft den Kartoffeln aber einen Wachstumsvorsprung. Zum Vorkeimen legen Sie die Pflanzkartoffeln Anfang März in eine Holzkiste und stellen diese bei 12 bis 15 °C an einem hellen Platz auf. Die Augen entwickeln sich dabei zu kräftigen, ca. 2 cm langen Trieben.

2 Mitte April ist es dann so weit, die Kartoffeln können ausgepflanzt werden. Für den Kartoffelkübel brauchen Sie lediglich drei mittelgroße Pflanzkartoffeln. Mischen Sie herkömmliche Blumenerde mit etwas Sand und geben Sie eine etwa 15 cm dicke Schicht dieser Mischung in den Topf.

3 Auf der Erdschicht legen Sie die drei Pflanzkartoffeln mit den Keimen nach oben aus: vorsichtig, damit die jungen Triebe nicht abbrechen. Bedecken Sie die Kartoffeln mit Erde und halten Sie den Topf gleichmäßig feucht.

4 Das Kartoffelwachstum ist stark temperaturabhängig. In einem kalten Frühjahr kann es mehrere Wochen dauern, bis die Kartoffeltriebe aus dem Boden kommen. Sind die Triebe etwa 10 cm lang, füllen Sie so viel Erde nach, dass nur noch die Blattspitzen zu sehen sind. Wiederholen Sie diesen Vorgang so oft, bis der Kübel bis zum Rand mit Erde gefüllt ist. So bilden sich im Topf mehrere Lagen neuer Kartoffeln.

5 Nach einiger Zeit – dieses Bild entstand sieben Wochen nach der Pflanzung – hat sich aus den Pflanzkartoffeln eine stattliche Kübelpflanze entwickelt. In der weiteren Entwicklung können Sie mit Ihren Kindern die zarten Kartoffelblüten bestaunen, aus denen sich die giftigen (!!!) Früchte an den oberirdischen Trieben bilden. Kurz danach beginnt das Laub abzusterben und die Kartoffeln können geerntet werden.

6 Zum Ernten wird die Pflanze einfach aus dem Topf gezogen. Schütteln Sie die Erde über einer ausgebreiteten Zeitung heraus und lassen Sie sich von der Ernte überraschen.

TIPP: So können Sie in wenigen Minuten Chips zubereiten: Kartoffeln in dünne Scheiben schneiden, salzen, mit Paprikapulver bestreuen und im Abstand von 1 cm auf einen Holzspieß stecken. Diesen vorher in Wasser legen, da er sonst in der Mikrowelle brennt. Legen Sie die Spieße auf den Grillrost, so dass die Kartoffelscheiben durch das Gitter hängen. Drei bis vier Minuten bei voller Leistung in der Mikrowelle ... und fertig!

AUF EINEN BLICK

Guter Zeitpunkt: Mitte bis Ende April
Zeitbedarf: Etwa 15 Minuten
Schwierigkeitsgrad: Einfach
Material und Werkzeug: Hoher Pflanzkübel mit 30 bis 40 cm Durchmesser, Blumenerde, eventuell etwas Sand, Gießkanne

Erdbeertopf bepflanzen

Fragt man ein Kind, was es gerne im Garten oder auf dem Balkon anpflanzen möchte, stehen Erdbeeren meistens ganz oben auf der Wunschliste. Wenn Sie im Frühsommer eigene, süße und saftige Erdbeerfrüchte ernten wollen, wird es Ende März bis Mitte April Zeit, Erdbeerpflanzen zu setzen. Im Gartencenter sind jetzt viele verschiedene Erdbeersorten erhältlich. Für die Topfbepflanzung sind vor allem hängende Sorten interessant. Einige davon tragen Früchte bis zum ersten Frost. Gut geeignet sind auch die kleinen Monatserdbeeren, die ebenfalls bis in den Spätherbst Früchte bilden. Übrigens: Botanisch gesehen, zählt die Erdbeere gar nicht zu den Beerenfrüchten. Auf der Außenhaut der Frucht kann man viele kleine Samen erkennen, bei denen es sich um Nüsschen handelt. Die Erdbeere ist also eine Sammelnussfrucht.

Erdbeerpflanzen mögen einen vollsonnigen Standort und eine gleichmäßige Wasserversorgung. Vor allem in den engen Pflanztaschen des Erdbeertopfes trocknet die Erde sehr schnell aus. Während der Blüte und nach der Ernte benötigen die Pflanzen eine Portion Dünger.

Erdbeerpflanzen sind mehrjährig und bleiben im Winter draußen. Bedecken Sie die Erdoberfläche mit Stroh oder Laub und stellen Sie den Topf an einen geschützten Platz. Die äußeren Blätter sterben zum Winter hin ab. Die kleinen Blätter, die das Herz der Pflanze rosettenförmig umschließen, bleiben erhalten. Sie verdunsten an sonnigen Tagen Wasser. Damit die Pflanzen nicht vertrocknen, muss man an frostfreien Tagen gießen.

Erdbeerpflanzen können 2 bis 3 Jahre lang Früchte produzieren. Danach sind sie erschöpft und müssen ersetzt werden. Solange Ihre Erdbeerpflanzen gesund sind und keine verdächtigen Flecken auf dem Laub haben (Pilzkrankheit), kann man die Erdbeerpflanzen selbst vermehren. Verwenden Sie dazu die Tochterpflanzen, die sich im Laufe des Sommers an den Ausläufern der Mutterpflanzen bilden. Alle Ausläufer, die nicht für die Vermehrung genutzt werden, sollten Sie regelmäßig abschneiden. So bleibt die Mutterpflanze kräftiger und kann widerstandsfähig in die Überwinterung gehen.

So wird's gemacht:

1 Bedecken Sie das Abzugsloch des Topfes mit einer Tonscherbe und geben Sie eine 8 cm dicke Schicht Blähton oder Kies in den Topf. Füllen Sie nährstoffhaltige Kübelpflanzen- oder Gemüseerde bis auf die Höhe der ersten Pflanztasche ein.

2 Setzen Sie die Pflanze so tief in die Pflanztasche, dass der Ballen Kontakt zur Erde im Topf hat. Füllen Sie die Pflanztasche mit Erde, ohne das »Herz« der Pflanze zu bedecken.

3 Geben Sie erneut so viel Erde in den Topf, bis die nächsthöhere Pflanztasche erreicht ist, und setzen Sie wiederum eine Erdbeerpflanze tief in die Pflanztasche ein.

4 Sind alle Taschen bepflanzt, wird der Topf bis knapp unter den oberen Rand mit Erde angefüllt. Setzen Sie in die Topfmitte eine besonders schöne und kräftige Erdbeerpflanze. Achten Sie darauf, die Herzblättchen nicht zu bedecken.

5 Gießen Sie die Pflanzen zum Schluss gut an. Dabei muss man sehr behutsam vorgehen, damit keine Erde aus den Pflanztaschen herausgespült wird.

6 An einem sonnigen Platz aufgestellt, schenkt Ihnen Ihr Erdbeertopf Anfang bis Mitte Juni die ersten Früchte.

AUF EINEN BLICK

Guter Zeitpunkt: Ende März bis Mitte April
Zeitbedarf: 30 bis 60 Minuten
Schwierigkeitsgrad: Einfach
Material und Werkzeug: Großer Topf mit Pflanztaschen, Blähton oder Kies, 1 Tonscherbe, Kübelpflanzen- oder Gemüseerde, Erdbeerpflanzen, Gießkanne

Heidelbeeren im Topf

Im Naschgarten auf dem Balkon oder der Terrasse darf natürlich auch ein Beerenstrauch nicht fehlen. Eine Heidelbeere bietet sich dafür an. Heidelbeersträucher sind im Vergleich zu anderen Beerensträuchern wie Johannisbeere recht kleinwüchsig oder im Vergleich zu der zwar kleinen, aber stachelig-bewehrten Stachelbeere völlig ungefährlich. Heidelbeeren schmecken zudem sehr fruchtig und süß. Die vitaminreiche Frucht wird daher auch von Kindern gern genascht. Übrigens ist das Fruchtfleisch der Kulturheidelbeeren weiß und färbt weder Zähne noch Lippen.

Heidelbeerpflanzen haben auch einen hohen Zierwert. Im Mai kann man, je nach Sorte, weiße bis rosafarbene, glockenförmige Blüten bewundern, aus denen im Sommer die Beeren hervorgehen. Im Herbst überrascht uns der Heidelbeerstrauch mit einer wunderschönen Färbung. Über Winter kann der Strauch auch im Kübel draußen bleiben. Es genügt, ihn an frostfreien Tagen ab und zu ein wenig zu gießen. Heidelbeersträucher tragen in den ersten Jahren sehr zuverlässig Früchte, auch ohne Schnittmaßnahmen. Ab einem Alter von etwa fünf Jahren lässt die Fruchtbarkeit nach. Schneiden Sie dann im Spätwinter jährlich ein bis zwei ältere Triebe heraus, damit sich junge, fruchtbare Triebe entwickeln können.

So wird's gemacht:

1 Bedecken Sie das Abzugsloch des Pflanzkübels mit einer Tonscherbe und geben Sie eine ca. 8 bis 10 cm dicke Schicht Blähton in den Topf. Der Blähton dient als Drainageschicht und hat weiterhin den Vorteil, dass er sehr leicht ist und das Gewicht des fertig bepflanzten Topfes verringert.

2 Füllen Sie dann so viel Erde in den Kübel, dass dieser etwa halb voll ist. Heidelbeersträucher gehören zu den Moorbeetpflanzen und benötigen daher unbedingt eine Spezialerde. Diese ist sehr locker und humos und hat einen pH-Wert von etwa 4,5. Im Handel ist sie oft unter der Bezeichnung »Rhododendronerde« zu finden.

3 Jetzt wird die Heidelbeerpflanze von ihrem ursprünglichen Topf befreit. Manchmal sitzt dieser so fest, dass Sie zu zweit arbeiten müssen: Einer hält die Pflanze hoch und der andere klopft vorsichtig mit der Hand oder einem Hammer auf den Topfrand. In der Regel löst sich der Topf so leicht vom Ballen. Setzen Sie die Pflanze auf die Erde in dem neuen Topf.

4 Überprüfen Sie die Höhe des Pflanzballens: Er soll sich etwa 3 cm unterhalb des Topfrandes befinden. Rund um den Pflanzballen wird jetzt die Spezialerde gefüllt. Drücken Sie diese mit den Händen immer wieder in alle Lücken, damit die Wurzeln guten Bodenschluss bekommen.

5 Ist der Strauch fest eingetopft, wird er gut angegossen. Verwenden Sie möglichst abgestandenes Regenwasser. Leitungswasser ist in den meisten Regionen Deutschlands zu kalkreich und führt schnell zu Nährstoffmangel. Falls sich die Erde nach dem Angießen gesetzt hat, füllen Sie noch etwas nach. Heidelbeeren deckt man dann mit einer dünnen Schicht Rindenmulch ab. Der obere Zentimeter des Topfes sollte als Gießrand frei bleiben.

6 Fühlt sich der Heidelbeerstrauch an seinem Platz wohl – er sollte sonnig bis halbschattig stehen –, können Sie im Juli mit den ersten Früchten rechnen. Heidelbeeren reifen nach und nach, sodass Sie etwa vier Wochen lang ernten können.

AUF EINEN BLICK

Guter Zeitpunkt: März, April

Zeitbedarf: 30 bis 60 Minuten

Schwierigkeitsgrad: Einfach

Material und Werkzeug: Großer Pflanzkübel, Blähton, 1 Tonscherbe, Rhododendron- oder Moorbeetpflanzenerde, etwas Rindenmulch, Heidelbeerstrauch, Gießkanne

Bunte Früchtchen: Tomaten, Auberginen und Peperoni

Zu einem »Hingucker« für Groß und Klein wachsen Tomaten, Peperoni und Auberginen in einem großen Topf heran. Alle drei sind wärmeliebende Pflanzen, die am liebsten im Gewächshaus stehen. Aber auch an einem geschützten und sonnigen Platz auf dem Balkon oder der Terrasse kann man ihre Früchte ernten. Sie können aus Samen selbst angezogen (siehe Seite 10 ff.) oder als Jungpflanzen gekauft werden. Letztere bekommt man auch als veredelte Sorten. Dabei liefert die Unterlage ein kräftiges und robustes Wurzelwerk, das der darauf veredelten Sorte Vorteile verschafft. Die Pflanzen sind unempfindlicher gegenüber Krankheiten und Kälte und liefern eher und mehr Früchte.

Von Tomaten gibt es eine unendliche Vielfalt an Sorten und Wuchsformen. Für so einen relativ kleinen Topf eignen sich vor allem sogenannte Balkontomaten. Sie wachsen buschig und werden nur etwa 30 bis 40 cm hoch. An Balkontomaten müssen weder die Seitentriebe ausgebrochen noch muss ihr Längenwachstum begrenzt werden. So können Kinder auch ohne besondere Vorkenntnisse Tomaten ernten.

Die schlanken Peperoni eignen sich nur zum Würzen, denn die Früchte sind sehr scharf. Sie können sie auffädeln und an einem luftigen Ort trocknen. Damit sich zahlreiche Früchte bilden, knipst man die erste Blütenknospe, die »Königsknospe«, an der Spitze des Mitteltriebes aus.

Auberginen haben eine lange Entwicklungsdauer. Wollen Sie sie selbst anziehen, säen Sie sie am besten schon Anfang Februar aus. Im Fachhandel sind aber auch Jungpflanzen zu bekommen. Neben den klassischen dunkelvioletten Auberginen gibt es auch Sorten mit gestreiften oder weißen Früchten.

TIPP: Auberginen setzen manchmal keine Früchte an, obwohl sie reich blühen. Die Blüten vertrocknen und fallen ab. Streichen Sie sanft mit einem Pinsel über die Staubgefäße und Stempel in die Blüten. So tragen Sie – wie eine Biene – den Blütenstaub weiter und sorgen für eine sichere Befruchtung. Eine interessante Aufgabe für Kinder.

So wird's gemacht:

1 Haben die Töpfe, wie unsere kleinen Blecheimer, keine Abzugslöcher im Boden, werden diese mit einem Akkubohrer hineingebohrt. Drei kleine Löcher pro Topf genügen. Ohne Abzugsloch staut sich das Wasser und es entstehen Wurzelschäden.

2 Tomaten, Peperoni und Auberginen sind Starkzehrer. Sie benötigen eine nährstoffreiche Erde. Qualitätserden haben einen Nährstoffvorrat für etwa sechs Wochen. Falls Sie keine Gemüseerde finden, können Sie auch Balkonpflanzenerde oder Kübelpflanzenerde nehmen. Füllen Sie die Töpfe etwa halb voll.

3 Ziehen Sie die Jungpflanzen vorsichtig aus ihrem Topf und stellen Sie den Ballen auf die Erde. Die Pflanzen dürfen ruhig etwas tiefer gesetzt werden als vorher. Bei veredelten Pflanzen muss die Veredlungsstelle aus dem Boden herausschauen.

4 Füllen Sie weitere Erde in den Topf und drücken Sie diese in die Lücke zwischen Topfrand und Pflanzballen: behutsam, aber so fest, dass die Pflanze sicher im Topf steht.

5 Zum Schluss werden die Pflanzen kräftig angegossen. Sackt die Erde dabei zusammen, füllt man noch etwas nach.

6 Stehen die Pflanzen an einem sonnigen, windgeschützten Platz, können Sie etwa ab Ende Juli die ersten Früchte ernten.

AUF EINEN BLICK

Guter Zeitpunkt: Mitte Mai
Zeitbedarf: Ca. 30 Minuten
Schwierigkeitsgrad: Einfach
Material und Werkzeug: Gemüseerde, 3 Töpfe (Inhalt mindestens 3 l), je eine Tomaten-, Peperoni- und Auberginenjungpflanze, Gießkanne

Basteln fürs Osterfest

Wenn der Frühling kommt, ist Ostern nicht mehr weit. Am Sonntag nach dem ersten Vollmond im Frühjahr beginnt das Osterfest, traditionell am frühen Morgen mit der Ostereiersuche. Jedes Kind freut sich darauf und wartet ungeduldig auf den Festtag. Um die Wartezeit zu verkürzen, wird in der vorösterlichen Zeit viel gemalt und gebastelt.

Ausgeblasene Hühnereier werden bemalt, beklebt oder marmoriert, um sie dann an einen Osterstrauß zu hängen. Für den Strauß stellt man eine Woche vor Ostern, am Palmsonntag, knospige Zweige aus dem Garten in die Vase. Geeignet sind z. B. Forsythie, Hasel, Weide oder auch Zweige von Obstbäumen. Stehen die Zweige im warmen Wohnzimmer, blühen sie an Ostern oder treiben zarte grüne Blättchen. Die selbst gebastelten Eier bekommen einen Aufhänger aus einem Stück Streichholz, an das ein dünner Faden gebunden wird. Stecken Sie das ganze Streichholz durch das Loch im Ei und stellen Sie es dann quer. So kann der Osterstrauß mit den bunten Eiern geschmückt werden.

Neben den Eiern am Strauß sind für Kinder aber vor allem Eier im Osternest interessant. Wer Lust hat, den Osterhasen bei seinen Vorbereitungen zu unterstützen, bereitet schon einmal ein Nest vor. Ganz besonders schön sind Osternester aus echtem Grün, die Sie mit Ihren Kindern ganz leicht aussäen können.

So wird's gemacht:

1 Für die Aussaat des Ostergrases eignen sich z. B. Blumentopfuntersetzer in verschiedensten Größen. Füllen Sie die Untersetzer mit handelsüblicher Blumenerde und streichen Sie die Oberfläche glatt. Verteilen Sie Grassamen gleichmäßig und relativ dicht auf der Erdoberfläche. Kleine Portionen Grassamen finden Sie im Gartencenter bei den Sämereien unter den Bezeichnungen »Vogelgras«, »Ostergras« oder »Katzengras«.

2 Mit einem Andrückbrettchen (zur Not auch mit trockenen Händen) werden die Samen leicht angedrückt und dünn mit Erde abgedeckt. Befeuchten Sie die Aussaat mit einer Blumenspritze oder einer Ballbrause (siehe Seite 10 ff.). Halten Sie die Erde immer gleichmäßig feucht.

3 Bei Zimmertemperatur keimen die Gräser schon innerhalb einer Woche. Die Schalen müssen dann unbedingt hell stehen. Richtig dicht und grün ist das Nest aber erst nach zwei bis drei Wochen. Sollte der Minirasen bis zum Osterfest schon zu lang werden, können Sie ihn mit einer Schere zurückschneiden. Alternativ zu den Gräsern können Sie auch Weizen aussähen.

4 Sie können das Gras oder den Weizen auch in hübschen Körbchen aussäen. Den Korb müssen Sie mit wasserdichter Folie ausschlagen, bevor Sie ihn mit Erde füllen. Dazu können Sie z. B. einen Gefrierbeutel nehmen, den Sie seitlich aufschneiden.

5 Dieses Osternest besteht nicht nur aus Grashalmen, sondern ist zusätzlich noch mit farblich aufeinander abgestimmten Frühjahrsblühern bepflanzt. Wählen Sie die Pflanzen so aus, dass Sie sie in der Höhe gestaffelt einpflanzen können. Wir haben uns für eine Miniosterglocke (hoch), ein Stiefmütterchen (halbhoch) und zwei Gänseblümchen (niedrig) entschieden. Dazu haben wir das flache Ostergras gesetzt. Gut versteckt hinter einer Hecke, hat der Osterhase das Nest gefunden und bunte Eier und sogar ein kleines Osterlamm hineingesetzt.

AUF EINEN BLICK

Guter Zeitpunkt: 2 bis 3 Wochen vor Ostern
Zeitbedarf: 15 bis 20 Minuten
Schwierigkeitsgrad: Einfach
Material und Werkzeug: Blumenuntersetzer, Blumenerde, Andrückbrettchen, Grassamen oder Weizenkörner, Blumenspritze, eventuell einige kleine Frühlingsblüher

Apfel in der Flasche

Im Spirituosenregal findet man manchmal einen Obstbrand mit einem ganzen Apfel oder einer Birne in der Flasche. Zauberei? Flaschenboden abgeschnitten und wieder zusammengeklebt? Natürlich nicht. Der Apfel ist durch den Flaschenhals in das Innere der Flasche gelangt. Der Trick ist ganz einfach: Der Apfel wandert schon in die Flasche, wenn er noch so klein ist, dass er durch den Flaschenhals hindurchpasst. Apfel oder Birne wachsen in der Flasche am Baum weiter, bis sie reif sind. Dann wird das Obst mitsamt der Flasche geerntet und konserviert.

So wird's gemacht:

1 Für dieses spannende Experiment brauchen Sie einen Apfel- oder Birnbaum, eine Flasche und geeignetes Befestigungsmaterial. Die Flasche sollte dickbauchig sein und nur einen kurzen Hals haben. Sie bekommen solche Flaschen in Geschäften, die Essig, Öl und Schnäpse aus Fässern abfüllen und verkaufen. Zum Befestigen haben sich ein starker Bindfaden und ein Netz, in das Sie die Flasche einbinden können, gut bewährt. Es sollte weitmaschig sein, damit noch Licht in die Flasche gelangt.

2 Mitte bis Ende Mai, wenn nach der Apfelblüte der Fruchtansatz gut zu erkennen ist, werden die etwa haselnussgroßen Früchte für die Flasche präpariert. Die Äpfel sitzen büschelweise am Fruchtholz. Wählen Sie ein Büschel an einem langen, biegsamen Trieb aus. Von dem Apfelbüschel lassen Sie nur die größte Frucht stehen. Alle anderen Äpfelchen werden entfernt. Außerdem schneiden Sie die Blätter rund um den Apfel, bis auf ein oder zwei schöne, gesunde Exemplare, weg. Diese Blätter bleiben erhalten, um die Frucht zu ernähren.

3 Die Flasche wird mit Netz und Bindfaden im Baum, in der Nähe der freigeschnittenen Frucht aufgehängt. Sie sollte unbedingt kopfüber hängen, damit eindringendes Wasser wieder herauslaufen kann und nicht zu Fäulnis der Frucht führt. Die Befestigung im Baum muss fest und stabil sein, schließlich bleibt die Flasche dort über Monate hängen und muss Wind und Wetter standhalten. Hängen Sie vorsichtshalber zwei oder drei Flaschen auf, damit Sie sicher ernten können, auch wenn einmal eine Frucht vorzeitig abfällt.

4 Sind die Flaschen im Baum befestigt, werden die Zweige mit den freigeschnittenen Früchten in die Flaschen eingeführt. Jede Flasche ist nur für eine Frucht gedacht. Sie müssen dabei ganz behutsam vorgehen, damit die Zweige oder die kleine Frucht nicht abbrechen. Alles, was Sie danach noch tun können, ist beobachten und abwarten, dass die Frucht reift.

5 Anfang September war es bei unseren Äpfeln so weit: In beiden Flaschen war ein schöner roter Apfel herangereift. Sobald dies der Fall ist, wird die Befestigung im Baum gelöst und entfernt. Dann kann die Flasche mitsamt Apfel »gepflückt« werden.

6 Nach den vielen Wochen im Baum muss die Flasche sorgfältig gereinigt werden. Spülen Sie sie mit warmem Wasser aus und reinigen Sie das Glas mit einer Flaschenbürste. Um die Frucht zu konservieren, wird die Flasche mit hochprozentigem Alkohol aufgefüllt. Dafür eignet sich ein Obstbrand. Anschließend wird die Flasche fest verkorkt. Geschmückt mit z. B. einem Zweig Zieräpfeln, haben Sie eine außergewöhnliche Herbstdekoration hergestellt. Soll der Obstbrand auch getrunken werden – selbstverständlich nur von Erwachsenen – brauchen Sie noch etwas Geduld. Etwa zwei Jahre soll die Frucht im Alkohol ziehen.

AUF EINEN BLICK

Guter Zeitpunkt: Mitte Mai bis Anfang Juni
Zeitbedarf: Ca. 30 Minuten
Schwierigkeitsgrad: Mittel
Material und Werkzeug: Apfel- oder Birnbaum mit Fruchtansatz, Flasche, starker Bindfaden, Netz (z. B. von Orangen, Zitronen oder Zwiebeln), Gartenschere, Obstbrand

Tipi aus Weide oder Feuerbohnen

Treffpunkt Tipi: Holzkisten oder Hauklötze dienen als Sitzgelegenheit in dem Weidentipi, das schon im ersten Jahr kräftig austreibt.

Wenn Kinder die Möglichkeit haben, sich ihre »eigenen vier Wände« zu schaffen, sind sie voll in ihrem Element und mit Feuereifer dabei. Mit einfachen Mitteln können Sie mit Ihren Kindern eine lebende Hütte bauen: ein Tipi aus Weidenruten oder Feuerbohnen. Tipi nennt man die gemütlichen Zelte der Prärieindianer. Sie waren Nomaden und brauchten eine Behausung, die unkompliziert mitwanderte. Unsere beiden Tipis sind allerdings fest installiert. Das Weidentipi können Sie mehrere Jahre nutzen. Die Weidenruten bilden im Boden schnell Wurzeln und treiben aus. Oftmals ist beim Hüttenbau aber nur der Weg das Ziel. Während noch mit Begeisterung gebaut wird, lässt das Interesse für das fertige Werk mehr oder weniger schnell nach. Das Bohnentipi ist daher nur für eine Gartensaison gedacht. Die Bohnenpflanzen erfrieren im Winter und können bei Bedarf wieder neu aufgepflanzt werden.

AUF EINEN BLICK

Guter Zeitpunkt: Weide: November bis März, Bohne: Mitte Mai

Zeitbedarf: Jeweils 1 Tag

Schwierigkeitsgrad: Mittel

Material und Werkzeug:

Weidentipi: 11 bis 15 dicke, mehrjährige Weidenstangen, 40 bis 60 lange, dünne einjährige Weidentriebe;

Bohnentipi: 7 bis 9 lange Bambusstäbe, pro Stab 3 Feuerbohnensamen;

Für beide: Gartenschlauch, Kokosstrick, Spaten, eventuell Erdbohrer, Pflanzschaufel, Gießkanne

So wird's gemacht – Weidentipi:

1 Legen Sie mit einem Seil oder z. B. mit dem Gartenschlauch den kreisförmigen Grundriss des Weidentipis mit etwa 1,2 bis 1,5 m Durchmesser fest. Entlang des Kreises wird ein 40 bis 50 cm tiefer Setzgraben ausgehoben. Alternativ kann man auch für jede Stange ein Loch mit einem Handerdbohrer setzen. Stellen Sie die dicken »Zeltstangen« in gleichmäßigem Abstand in dem Graben auf und treiben Sie sie noch einige Zentimeter in den Boden. Der Eingang bleibt frei. Die Stangen werden oben mit einem Kokosstrick zusammengebunden.

2 Steht das Gerüst, schaufeln Sie den Setzgraben wieder zu. Mit eigenem Werkzeug helfen die kleinen Bauherren dabei gerne. Zwischendurch wird die Erde immer wieder fest eingestampft, damit die Ruten einen guten Bodenschluss bekommen und Wurzeln bilden können. Im nächsten Schritt werden die »Zeltwände« eingebaut. Stecken Sie die dünnen, einjährigen Ruten mit der Unterseite ca. 20 cm tief in den Boden und flechten Sie sie waagerecht durch die Zeltstangen. Die Ruten können dabei sowohl dicht an dicht übereinander eingeflochten werden als auch mit mehr oder weniger Abstand. Je dichter man flicht, desto dunkler wird es im Tipi. Nach Einweisung werden größere Kinder diese Geduldsarbeit mit Hingabe erledigen.

3 So sieht ein wenige Wochen altes Weidentipi aus. Die einjährigen Ruten sind schon eingewurzelt und treiben. Im Laufe des Jahres können Sie lange Neuaustriebe immer wieder einflechten. Die Tipiwand wird so mit der Zeit immer dichter. Im zweiten, spätestens dritten Standjahr müssen Sie die Ruten zurückschneiden. Dabei können Sie beherzt vorgehen. Weiden sind unempfindlich und sehr schnellwüchsig.
TIPP: Weidenruten bekommen Sie eventuell von örtlichen Kommunen oder Naturschutzverbänden, die im Frühjahr (bis Ende Februar) Kopfweiden zurückschneiden. Fragen Sie dort an. Es gibt auch spezialisierte Firmen, die Weidenruten zum Verkauf anbieten (Bezugsquelle: siehe Seite 116).

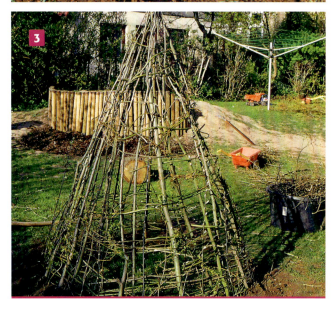

So wird's gemacht – Bohnentipi:

1 Ein schnellwüchsiges Tipi kann man auch aus Bambusstangen und Feuerbohnen errichten. Gerade wenn Sie wenig Platz haben und ein Tipi nicht fest im Garten installieren wollen, ist es eine gute Alternative. Lockern Sie den Boden und arbeiten Sie dabei Kompost oder organischen Dünger mit ein. Markieren Sie den Grundriss, wie beim Weidentipi, mit einem Seil oder Gartenschlauch. Entlang des Kreises treiben Sie die etwa 2,5 m langen Bambusstangen in den Boden. Mit einem Kokosstrick werden die Stangen oben fest zusammengebunden.

2 Ab Mitte Mai, nach den Eisheiligen, werden rund um jede Stange jeweils fünf Feuerbohnensamen ca. 3 cm tief in den Boden gedrückt. Sie können die Bohnenpflanzen ab Mitte April auch schon in kleinen Töpfen auf der Fensterbank vorziehen. Dann haben die Pflanzen einen Wachstumsvorschub und das Tipi ist schneller dicht. Pro Topf werden dazu 2 bis 3 Samen ausgelegt (siehe Seite 10 ff.). Um jede Bambusstange werden 2 bis 3 Bohnentöpfe gepflanzt. Gießen Sie die Jungpflanzen gut an und halten Sie sie auch in den folgenden Wochen gleichmäßig feucht.

3 Jetzt kann man fast zuschauen, wie sich die Bohnen um die Stangen schlängeln. Nach vier bis fünf Wochen ist das Tipi so dicht, dass es bewohnt werden kann. Vorher wird innen noch ein »Rindenmulchteppich« ausgelegt und mit einer alten Decke, einem großen Stein oder Holzklotz eine Sitzgelegenheit geschaffen. Eigentlich kann jetzt die Einweihungsparty steigen. Wer weiß – mit einem Eis oder einer kühlen Limo als Mitbringsel werden Sie ja vielleicht auch eingeladen.

Stolz präsentiert die Kleine ihre erste »eigene Wohnung«. Mit rotblühenden Feuerbohnen bepflanzt, ist das Tipi ein echter Hingucker in Ihrem Garten.

Nistkasten bauen

Der Bau eines Nistkastens ist eine perfekte Möglichkeit, Kinder für Natur und Umweltschutz zu begeistern. Das Projekt ist nämlich nicht mit der letzten Schraube abgeschlossen. Kinder sind neugierig. Deshalb tauchen schnell Fragen auf: »Warum baut man Nistkästen?«, »Für welche Vogelarten sind sie?«, »Was fressen sie, warum sind sie wichtig für die Umwelt?«. Wie von selbst erschließen sich beim Bauen und Beobachten immer neue Themen.

Ein Nistkasten ist eine Spezialanfertigung. Die jeweilige Bauweise ist immer nur für einige Vogelarten geeignet. Einen guten Einstieg in die Vogelbeobachtung finden Sie mit einem Höhlenbrüterkasten oder einer Halbhöhle. Beide Kästen werden von mehreren Vogelarten genutzt, sodass die Wahrscheinlichkeit, dass der Kasten angenommen wird, recht hoch ist. Vögel brauchen allerdings nicht nur einen artgerechten Nistplatz, sondern auch ein gewisses Nahrungsangebot, um ihre Brut aufziehen zu können. Nur wenn genügend Insekten, Larven, Früchte und Samen vorhanden sind, kann sich ein Vogel auf Ihr Wohnungsangebot einlassen. Sollte sich trotz perfekter Bauweise kein Mieter finden, lohnt es sich, über eine naturgemäße Gartengestaltung nachzudenken. Dabei brauchen Sie nicht Ihren kompletten Garten umzukrempeln. Pflanzen Sie z. B. einige einheimische Sträucher oder säen Sie ein paar Wildblumen aus. Tipps dazu bekommen Sie bei Naturschutzverbänden wie dem NABU und dem BUND. Sie sind auch die richtigen Ansprechpartner für Nistkästen. Hier finden Sie fertige Nistkästen, Baupläne für den kompletten Selbstbau oder Bausätze mit fertig zugeschnittenen Teilen, die nur noch zusammengebaut werden müssen. Wir haben uns für einen Höhlenbrüterkasten als Bausatz entschieden.

So wird's gemacht:

1 Ein Nistkasten besteht aus einer Rückwand, einem Boden zwei Seitenteilen, einem Dach und der Front. In der Front befindet sich das Einflugloch. Von der Lochgröße hängt es ab, welche Höhlenbrüter die Nisthöhle einmal beziehen werden. Hat das Loch einen Durchmesser von 3,2 cm, ist es groß genug für Kohlmeisen und Kleiber, aber auch die kleineren Meisenarten wie die Blaumeise können darin nisten.

2 Mithilfe der Bauanleitung können größere Kinder im Team den Nistkasten schon ohne Hilfe von Erwachsenen anfertigen. Nach Anleitung werden die Seitenteile, der Boden und die Rückwand zusammengeschraubt oder -genagelt.

3 Die Schrauben für die Frontklappe werden nicht ganz fest gezogen. So kann man später die Klappe zum Reinigen des Innenraumes leicht öffnen.
TIPP: Sägt man die Front in der Mitte quer durch und setzt die Klappe (den Teil ohne Loch) unten ein, hat man eine Halbhöhle, in der z. B. Hausrotschwanz und Bachstelze brüten.

4 Das Dach wird mit einem leichten Überstand montiert. Das Einflugloch ist so vor Regen geschützt.

5 Nistkästen werden in 2 bis 3 m Höhe in Bäumen, an Haus-, Garagen- oder Schuppenwänden aufgehängt. Damit sie sowohl vor Regen als auch vor starker Sonneneinstrahlung geschützt sind, werden sie nach Osten oder Südosten ausgerichtet.

6 Im Spätsommer, nach der Brutzeit, werden die Kästen gereinigt. Entfernen Sie das Nest und bürsten Sie den Innenraum aus. Im Winter kann der Kasten als Schlafplatz genutzt werden.

AUF EINEN BLICK

Guter Zeitpunkt: Frühjahr, spätestens Ende März
Zeitbedarf: 60 bis 90 Minuten
Schwierigkeitsgrad: Mittel
Material und Werkzeug: 1 Bausatz für einen Nistkasten, Hammer, Schraubenzieher

Sommer

Im Sommer werden die ersten Früchte reif. Saftige Erdbeeren und Heidelbeeren aus dem Beet oder dem Topf wollen genascht werden. Im Blumenbeet können herrliche Sträuße gepflückt werden.
An heißen Tagen steht bei Kindern oft das Thema »Wasser« im Vordergrund. Legen Sie doch einmal einen Miniteich an. Kleine Naturschützer freuen sich zudem über ein selbst gebautes Insektenhotel.

Miniteich anlegen

Für einen Minigartenteich eignen sich alle Wasserpflanzen, die nicht zum Wuchern neigen. Von vielen Arten gibt es Zwergformen, wie diese Miniseerose.

Wasser übt auf Kinder eine ganz besondere Anziehungskaft aus. Was gibt es an einem heißen Sommertag Schöneres, als mit Wasser zu spielen? Spielerisch können Sie mithilfe dieser Anleitung zusammen mit Ihren Kindern eine Teichlandschaft im Kleinformat für Balkon oder Terrasse anlegen. Dazu dient eine alte Zinkwanne oder ein anderes großes, wasserdichtes Gefäß. Wasserpflanzen und das Zubehör bekommt man ab Ende Mai in gut sortierten Gartencentern oder auch in Staudengärtnereien. Die Pflanzen werden zunächst in spezielle Pflanzkörbe gesetzt. Diese werden dann, ihren Bedürfnissen entsprechend, in verschiedenen Höhen im Teichgefäß ange-ordnet.

TIPP: Legen Sie den kleinen Teich gleich dort an, wo er den Sommer über stehen bleiben soll. Das bepflanzte und wassergefüllte Gefäß wird so schwer, dass es nicht mehr transportiert oder umgesetzt werden kann.

AUF EINEN BLICK

Guter Zeitpunkt: Ende Mai bis Ende Juni

Zeitbedarf: 1 bis 2 Stunden

Schwierigkeitsgrad: Mittel

Material und Werkzeug: Großes, wasserdichtes Gefäß, Wasserpflanzen, Pflanzkörbe, dünnes Vlies, Wasserpflanzenerde, Kieselsteine, einige Pflaster- oder Ziegelsteine, Schere, Gießkanne oder Schlauch

So wird's gemacht:

1 Sie benötigen ein großes, wasserdichtes Gefäß aus Plastik, Zink oder Holz. Will man eine Seerose pflanzen, sollte es mindestens 40 cm tief sein. Zu einer Seerose kann man eine hochwachsende Pflanze, z. B. einen Zwergrohrkolben, eine niedrig bleibende Pflanze, z. B. Sumpfvergissmeinnicht und eine Schwimmpflanze, z. B. einen Wassersalat oder eine Wasserhyazinthe, setzen. Für jede Pflanze, außer der Schwimmpflanze, benötigen Sie einen speziellen Pflanzkorb, ein Stück Vlies und Kieselsteine. Legen Sie außerdem Pflaster- oder Ziegelsteine bereit.

2 Zuerst werden alle Wasserpflanzen in die Pflanzkörbe eingesetzt. Kleiden Sie den Korb zunächst mit einem Stück Vlies aus, damit die Erde nicht herausgespült wird. Topfen Sie dann die Pflanze aus ihrem ursprünglichen Topf aus und setzen Sie sie in die Mitte des Korbes. Rundherum wird der Korb jetzt mit der Wasserpflanzenerde aufgefüllt. Sie können sich diese auch aus einem Gemisch aus Lehm und Sand selbst herstellen oder z. B. eine noch vorhandene Vermehrungserde verwenden. Wichtig ist, dass das Substrat nährstoffarm ist, damit sich keine Algen bilden.

3 Überstehende Vliesreste werden jetzt mit einer Schere nahe am Rand des Pflanzkorbes abgeschnitten. Die Erde in den Pflanzkörben sollte mit Kieselsteinen dicht abgedeckt werden, damit sie nicht aus dem Korb herausgeschwemmt wird. Wenn Sie die Kieselsteine nicht im Baumarkt oder Gartencenter bekommen, werden Sie sicherlich im Baustoffhandel fündig. Sie sind in unterschiedlichen Größen und Farben erhältlich und können ganz nach persönlichem Geschmack ausgewählt werden. Kieselsteine, die Sie übrig haben, können Sie, bevor das Wasser eingelassen wird, auf dem Boden der Zinkwanne verteilen.

4 Jetzt kommen die Pflaster- oder Ziegelsteine zum Einsatz. Mit ihnen werden in dem Teichgefäß verschiedene Ebenen geschaffen. Aus den Pflegeanleitungen der Wasserpflanzen können Sie entnehmen, welchen Wasserstand die jeweilige Pflanze bevorzugt. Schichten Sie die Steine so weit auf, dass eine ebene Standfläche in der idealen Höhe für jede Pflanzenart entsteht.

5 In der Mitte des Gefäßes lassen Sie einen freien Platz für die Seerose. Sie steht immer an der tiefsten Stelle. Übrigens gibt es im Fachhandel spezielle Sorten, die auch in kleinen Teichgefäßen gedeihen. Trotzdem ist eine Seerose in einem relativ kleinen Gefäß nicht winterhart. Die Überwinterung ist aber dennoch einfach: Nehmen Sie die Seerose im Spätherbst mitsamt dem Pflanzkorb aus dem Miniteich heraus und geben Sie sie in einen Eimer. Bedecken Sie die Pflanze mit Wasser und stellen Sie den Eimer an einen kühlen, frostfreien Platz. Im nächsten Mai setzen Sie die Pflanze wieder in den Teich ein.

6 Nacheinander werden jetzt auch die anderen Pflanzen in das Teichgefäß eingesetzt. Stellen Sie die Pflanzkörbe auf die aufgeschichteten Steine. Hier wird gerade ein Zwergrohrkolben eingesetzt, eine Rohrkolbenart, die besonders für Miniwassergärten geeignet ist. Der Rohrkolben kann über Winter draußen bleiben. Auch wenn der Pflanzkorb durchfriert, treibt er im nächsten Frühjahr wieder aus.

7 Als dritte Pflanze haben wir ein Sumpfvergissmeinnicht ausgewählt, das seine kleinen, blauen Blüten bis in den September hinein hervorbringt. Achten Sie darauf, dass der Pflanzkorb nicht über den Rand des Teiches herausragt, auch wenn das Sumpfvergissmeinnicht nur flach im Wasser stehen soll. Wie der Rohrkolben ist auch das Sumpfvergissmeinnicht winterhart und kann in dem Teichgefäß verbleiben.

8 Sind alle Pflanzkörbe ansprechend in dem Teichkübel arrangiert, kann das Wasser eingelassen werden – für Kinder der größte Spaß an der ganzen Aktion. Idealerweise sollte das Wasser für einen Teich eine mittlere Wasserhärte zwischen 7 und 14 °dH (deutsche Härtegrade) aufweisen. Ist Ihr Leitungswasser zu hart, verwenden Sie besser Regenwasser oder mischen das Leitungswasser zumindest damit. Füllen Sie das Gefäß bis etwa 2 cm unter den Rand. Den Sommer über kann es bei starker Hitze hin und wieder erforderlich sein, Wasser nachzufüllen.

9 Ganz zum Schluss können Sie noch eine Schwimmpflanze in den Teich einsetzen. Diese wird lediglich auf die Wasseroberfläche gelegt. Schwimmpflanzen benötigen keine Erde. Sie entnehmen Wasser und Nährstoffe mit ihren Wurzeln direkt aus dem Teichwasser. Besonders attraktiv sehen Wasserhyazinthen oder der Wassersalat aus. Beides sind aber tropische Pflanzen, die bei uns nur einjährig gehalten werden können. Die alten Pflanzen sterben im Herbst ab. Die Überwinterung eines Ablegers in einem Gefäß mit Wasser ist einen Versuch wert. Stellen Sie die Pflanze dazu an einen hellen und warmen Platz im Haus.

Kräuter ernten und genießen

Mit dem wachsenden Wunsch nach einer gesunden und natürlichen Lebensweise stoßen Kräuter und Gemüse aus eigenem Anbau gerade bei jungen Familien wieder auf großes Interesse. Vielleicht haben Sie im Frühjahr schon ein Kräuterbeet angelegt oder Sie ziehen die duftenden und aromatischen Pflanzen in Töpfen und Kübeln. Dann stellt sich spätestens im Sommer die Frage nach der Verwendung. Natürlich können Sie die Kräuter laufend in der Küche zum Würzen und Verfeinern von Speisen und Getränken verwenden. Aber was macht man mit der üppig wachsenden Minze oder der riesig gewordenen Zitronenmelisse? Kinder experimentieren gerne mit den wohlriechenden Blättern und Trieben, lassen sich daraus doch fast im Handumdrehen tolle Geschenke aus dem Garten herstellen. Minze und Melisse eignen sich hervorragend für Tees. Im Sommer können die frischen Blätter verwendet werden. Überbrühen Sie diese mit kochendem Wasser und lassen Sie sie einige Minuten ziehen. Der Kräutertee schmeckt heiß und wird von Kindern – leicht gesüßt mit etwas Apfelsaft – auch gerne als Kaltgetränk angenommen. Mit getrockneten Blättern können Sie sich einen Wintervorrat anlegen.

Auch das Aroma mediterraner Kräuter wie Thymian, Oregano, Rosmarin und Lavendel können Sie für den langen Winter einfangen und konservieren. Ein selbst gemachtes Kräuteröl ist schnell hergestellt und sorgt als Geschenk in einer hübschen Flasche für Aufsehen. Ähnlich wie ein Kräuteröl können Sie auch Kräuteressig herstellen.

Qualitativ erstklassige Kräuter sind sehr aromatisch, weil der Gehalt an ätherischen Ölen besonders hoch ist. Dieser Gehalt ist unter anderem vom Erntezeitpunkt abhängig. Die meisten Kräuter sind kurz vor oder bei beginnender Blüte am aromatischsten.

Aus frischen Kräutern und gutem Öl lässt sich ohne viel Aufwand ein aromatisches Kräuteröl herstellen.

AUF EINEN BLICK

Guter Zeitpunkt: Ernte, kurz bevor die Kräuter blühen

Zeitbedarf: Schneiden, bündeln und zum Trocknen aufhängen: ca. 30 bis 60 Minuten (je nach Erntemenge), Kräuteröl herstellen: ca. 30 Minuten; alle Angaben ohne Trocknungs- und Ziehzeit

Schwierigkeitsgrad: Mittel

Material und Werkzeug: Verschiedene Kräuter, Gartenschere, Bindfaden, verschließbare Gläser aus dunklem Glas, Teebeutel

So wird's gemacht:

1 Ernten Sie an einem sonnigen Tag, am besten vormittags, wenn der Tau gerade abgetrocknet ist. Von den Teekräutern Zitronenmelisse und Minze schneiden Sie 10 bis 20 cm lange, junge Triebe ab. Für das mediterrane Kräuteröl brauchen Sie etwa 10 cm lange Triebe von Rosmarin, Thymian und Oregano, dazu für jede Flasche ein oder zwei Lavendelblüten.

2 Die Kräuter für den Tee werden getrocknet. Bündeln Sie dazu jeweils drei bis fünf Zweige und binden Sie diese locker mit einem Bindfaden zusammen. Auch einige Blütenkräuter können Sie trocknen und für Tees verwenden. Auf dem Bild sehen Sie Lavendel und die Blüten der Echten Kamille.

3 Die Kräutersträußchen werden zum Trocknen kopfüber aufgehängt. Spannen Sie eine Leine an einem regengeschützten, hellen Platz ohne direkte Sonneneinstrahlung und binden Sie die Bündel daran fest. Alternativ können Sie die Kräuter auch auf einer sogenannten Darre trocknen, einem Holzrahmen mit einer Bespannung aus feinem Maschendraht. Wer die Kräuter schnell trocknen will, kann dies im Backofen tun. Legen Sie die Kräuter dazu locker auf ein Backblech und schieben Sie dieses bei etwa 35 °C für einige Stunden in den Ofen. Die Tür sollte dabei einen Spalt aufstehen.

4 Den richtigen Trocknungsgrad können Sie ertasten: Die Blätter rascheln und zerbröseln leicht zwischen den Fingern. An der Luft brauchen die Kräuterbündel etwa zwei bis drei Wochen, um zu trocknen. Wenn es so weit ist, werden die Blätter von den Stielen gestreift. Mmmh, das duftet und wird daher gerne von den Kindern übernommen.

5 Ätherische Öle werden durch Licht sehr schnell zersetzt. Darum ist es ratsam, die Teekräuter in einem dunklen, luftdicht verschließbaren Schraubglas aufzuheben. Haben Sie nur transparente Gläser, stellen Sie diese einfach in einen dunklen Vorratsschrank. So sind die Teekräuter etwa ein Jahr lang haltbar.

6 Schnell zu begeistern sind Kinder für ein leicht herzustellendes Mitbringsel: Füllen Sie einen gehäuften Teelöffel der getrockneten Kräuter in einen Teefilterbeutel. Binden Sie den Beutel mit einem Zwirnsfaden zu und knoten Sie an das obere Ende des Fadens ein von den Kindern bemaltes Etikett. Zwei bis drei Beutel ergeben, hübsch verpackt, ein tolles Geschenk.

7 Etwas aufwendiger, aber immer noch schnell gemacht, ist ein selbst hergestelltes Kräuteröl. Sie brauchen dazu eine dekorative, saubere Flasche, die sich luftdicht mit einem Korken verschließen lässt, ein hochwertiges, neutrales Öl, z. B. Rapsöl, und Kräuterzweige aus dem Garten. Wir haben in jede Flasche eine geschälte Knoblauchzehe, je einen Zweig Rosmarin, Thymian, Salbei und Oregano sowie eine Lavendelblüte gesteckt.
TIPP: Sowohl die Flasche als auch die Kräuter müssen unbedingt trocken sein. Wasserreste in der gespülten Flasche oder auf den gewaschenen Kräutern lassen das Öl sehr schnell verderben. Man erkennt das daran, dass das Öl trübe wird.

8 Mit einem Trichter werden die Kräuter in den Flaschen mit dem Öl aufgegossen. Die Zweige müssen dabei unbedingt ganz mit Öl bedeckt sein. Verkorken Sie die Flaschen und lassen Sie das Öl drei bis vier Wochen an einem hellen Platz durchziehen. Danach werden die Flaschen kühl und dunkel gelagert. Solange Sie kein Öl entnehmen, können die Kräuter in der Flasche bleiben. Nehmen Sie das Öl in Gebrauch, ist es ratsam, die Zweige zu entfernen, denn sobald das Öl diese nicht mehr bedeckt, kommen sie mit Sauerstoff in Berührung und verderben.

Blattsalat mit Blüten zubereiten

Salat kann man ganz leicht im eigenen Garten oder auch in Töpfen und Kübeln anbauen. Anleitungen für die Anzucht von Jungpflanzen finden Sie ab Seite 10, das Anlegen eines Kinderbeetes oder eines kleinen Hochbeetes für eigenes Gemüse ist ebenfalls unter den Frühlingsthemen zu finden. Vielleicht haben Sie mit Ihren Kindern im Frühjahr schon Salat gepflanzt und können jetzt im Sommer die ersten Salatköpfe ernten. Dann wollen die Kinder ganz sicher auch bei der Zubereitung beteiligt sein. Ein ganz besonderes i-Tüpfelchen bekommt der Salat durch die Verzierung mit essbaren Blüten. Im Sommer gibt es reichlich blühende Kapuzinerkresse, die sehr würzig schmeckt. Dazu haben wir noch einige Ringelblumen- und Borretschblüten geerntet. Salat und essbare Blüten bekommen Sie natürlich nicht nur aus dem eigenen Garten, sondern auch in großer Auswahl auf dem Wochenmarkt. Im Sommer ist das Angebot besonders groß. Ob glatt oder kraus, rot oder grün – bei den Salaten haben Sie die Wahl. Einige Sorten schmecken sehr mild, andere eher kräftig oder leicht bitter. Für unseren Blattsalat mit Blüten können Sie eine bunte Mischung zusammenstellen. Achten Sie nur darauf, dass der Anteil an bitter schmeckenden Sorten wie Radicchio und Chicorée nicht zu hoch ist.

TIPP: Auch im Frühjahr, wenn Kapuzinerkresse, Ringelblumen und Borretsch noch nicht blühen, kann man einen Salat mit Blüten zubereiten. Nehmen Sie dann z. B. Gänseblümchen, Salbei- und Schnittlauchblüten. Schnittlauchblüten schmecken scharf. Schneiden Sie darum die Einzelblüten mit einer Schere von ihren kleinen Stielen und streuen Sie sie über den Salat.

So wird's gemacht:

1 Für eine »Familienportion« Salat für vier Personen benötigen Sie einen halben Kopf grünen und einen halben Kopf roten Blattsalat. Die übrigen Salatblätter sind in einem Gefrierbeutel im Gemüsefach des Kühlschranks ein paar Tage haltbar. Die Salatblätter zupfen Sie in mundgerecht große Stücke, die Sie gründlich waschen. Trocknen Sie die Blätter danach in einer Salatschleuder.

2 Der gewaschene Blattsalat wird in einer breiten Schüssel angerichtet. Wer mag, kann auch klein geschnittene Paprika oder Tomaten untermischen.

3 Für das Dressing verrühren Sie
1 Teelöffel Senf,
Salz und Pfeffer,
1 Teelöffel flüssigen Honig oder Agavendicksaft,
1 Esslöffel weißen Balsamicoessig,
1 Esslöffel Zitronensaft und
5 Esslöffel Sonnenblumenöl
kräftig, bis sich alle Zutaten miteinander verbunden haben.

4 Jetzt werden die Blüten vorbereitet. Sie werden gewaschen und mit Küchenpapier vorsichtig trockengetupft. Naschen ist hier übrigens erlaubt. Lassen Sie Ihre Kinder ruhig einmal eine Blüte probieren. Kapuzinerkresseblüten sind überraschend kräftig im Geschmack.

5 Von den Ringelblumen werden nur die äußeren Blütenblätter, die Petalen, verwendet. Zupfen Sie diese vorsichtig ab.

6 Kurz vor dem Servieren rühren Sie das Dressing noch einmal durch und verteilen es über den Salatblättern. Ganz zum Schluss werden dann die Blüten und Blütenblätter über den Salat gestreut.

AUF EINEN BLICK

Guter Zeitpunkt: Juni bis Oktober
Zeitbedarf: Ca. 20 Minuten
Schwierigkeitsgrad: Einfach
Material und Werkzeug: Blattsalate, essbare Blüten, Senf, Salz und Pfeffer, Honig oder Agavendicksaft, Essig, Zitronensaft, Öl, Salatschüssel, kleine Schale, kleiner Schneebesen

Seltsame Pflanzen

Wie alle Lebewesen dieser Welt sind auch Pflanzen einem ständigen Konkurrenzkampf um genügend Wasser und Nahrung ausgesetzt. Sie müssen ihre Fortpflanzung sichern und bemühen sich mit schlauen Tricks um Insekten, die in der Lage sind, sie zu bestäuben. Gleichzeitig gilt es aber auch, sich vor Fressfeinden zu schützen, z. B. mit Dornen und Stacheln oder einem abschreckenden Duft. Um zu überleben, haben Pflanzen im Laufe der Evolution ausgeklügelte Strategien entwickelt. Einige davon sind sehr erstaunlich und faszinieren nicht nur Kinder.

1 Mimose
Berührt man das Blatt einer Mimose, klappen die Fiederblättchen paarweise, an der Spitze beginnend, in Sekundenschnelle ein. Gleichzeitig senkt sich das gesamte Blatt nach unten ab. Die Pflanze sieht nun so aus, als sei sie vertrocknet, und macht damit auf Fressfeinde einen unattraktiven Eindruck. Nach etwa 20 bis 30 Minuten stellen sich die Blätter wieder auf. Auf die gleiche Art und Weise reagieren Mimosen bei Erschütterung oder Wind. Auch nachts klappen die Pflanzen ihre Blätter nach unten und nehmen eine Schlafstellung ein.

2 Frauenschuh
Der Frauenschuh gehört zur Familie der Orchideen. Den Namen hat er von der pantoffelförmigen Blütenlippe. Um ihre Bestäubung zu sichern, haben sich diese Pflanzen einen Trick ausgedacht: Der Pantoffel ist eine Kesselfalle. Auf einem dünnen Ölfilm an den Rändern rutschen die Insekten aus und fallen in die Blüte. Ein lichtdurchlässiges Fenster im Schuh lockt die Insekten auf den einzig möglichen Weg in die Freiheit. Dieser führt zwangsläufig an der Blütennarbe und den Staubgefäßen vorbei, sodass im Vorbeigehen gleich die Blüten bestäubt werden.

3 Venusfliegenfalle
Der Film und das Musical »Der kleine Horrorladen« haben diese Pflanze zum bekanntesten Vertreter der fleischfressenden Pflanzen gemacht. Es ist schon etwas unheimlich, wie sie mit ihren Klappfallen, mit einer für Pflanzen untypischen Schnelligkeit, Insekten fängt. Mithilfe von Tasthaaren registriert die Pflanze Bewegungen der Beutetiere und löst den Schließmechanismus aus. Ist die Beute für die Pflanze unverdaulich, lässt sie ihr Opfer wieder frei. Anderenfalls setzt ein Verdauungsprozess ein, bei dem die Venusfliegenfalle für sie wichtige Nährstoffe aus den Insekten löst und aufnimmt. Bis zu sieben Mal kann eine Klappfalle auf Insektenfang gehen. Dann stirbt das Blatt ab.

4 Sonnentau
Der Sonnentau gehört ebenfalls zu den fleischfressenden Pflanzen (Karnivoren). Er geht mit einer Klebefalle auf Beutefang. An den Blättern sitzen Tentakel, die ein klebriges Sekret ausscheiden. Von dem duftenden Sekret werden Insekten angelockt und bleiben daran kleben. Durch Befreiungsversuche bleiben sie mit immer mehr Körperteilen hängen. Schließlich werden sie ganz eingerollt und mithilfe von besonderen Enzymen verdaut. Wie viele andere Karnivoren ist der Sonnentau eine Moorbeetpflanze und sollte daher nur mit Regenwasser gegossen werden.

5 Lebende Steine
Stein oder nicht Stein, das ist hier die Frage. Lebende Steine sind in Steinwüsten zu Hause und haben sich den dortigen Lebensbedingungen perfekt angepasst. Ihre dickfleischigen Pflanzenkörper können Wasser speichern und somit Trockenzeiten überstehen. Von ihren Fressfeinden sind sie nur schwer ausfindig zu machen, denn sie unterscheiden sich in Form und Farbe nur schwer von den Steinen, zwischen denen sie wachsen. Im Haus sind die lebenden Steine wie Kakteen zu pflegen: Sie brauchen durchlässige, sandige Erde, ein sonniges Südfenster und nur wenig Wasser und Dünger.

6 Frauenmantel
Eine gewöhnliche, bei uns weitverbreitete Gartenpflanze mit einer ungewöhnlichen Erscheinung: Am frühen Morgen bilden sich bei hoher Luftfeuchtigkeit an den Blatträndern kleine funkelnde Wassertropfen. Die Blätter besitzen am Rand Spalten, aus denen Wasser ausgeschieden wird. Dieser Vorgang heißt Guttation. Die Pflanze gibt so in einem aktiven Vorgang Wasser ab, um mit den Wurzeln wieder Wasser mit darin gelösten Nährstoffen aufnehmen zu können. Die gleiche Erscheinung kann man auch an Erdbeerblättern beobachten.

Duftgeranien vermehren

Duftgeranien gehören zur gleichen Gattung wie die Balkongeranien. Sie haben unscheinbarere Blüten, dafür aber oft interessante Blattformen und -farben. Vor allen Dingen ist es aber ihr besonderer Duft, der sie für uns so attraktiv macht. Die behaarten Blätter der Pflanzen enthalten ätherische Öle, die bei Berührung und leichtem Reiben freigesetzt werden. Neben verschiedenen Zitrus-, Rosen- und Pfefferminzdüften gibt es auch Duftgeranien, die nach bestimmten Gewürzen duften. Meine neueste Errungenschaft ist eine Geranie mit Cola-Duft. Man bekommt Duftgeranien oft auf Pflanzenmärkten oder auch in bestimmten Versandgärtnereien (Bezugsquelle: siehe Seite 116).

Duftgeranien mögen, wie Balkongeranien, einen vollsonnigen Standort. Pflanzen Sie sie dort, wo Sie sich häufig aufhalten, z. B. an einem beliebten Sitz- oder Spielplatz im Garten oder in der Nähe des Sandkastens. So können Sie und Ihre Kinder den Duft quasi im Vorbeigehen wahrnehmen. Geranien sind allerdings nicht frosthart und müssen im Winter an einem kühlen und hellen Platz im Haus stehen.

Duftgeranien lassen sich sehr einfach durch Stecklinge vermehren. Wenn Sie gleich mehrere Pflänzchen heranziehen, haben Sie immer ein begehrtes Mitbringsel zur Hand.

So wird's gemacht:

1 Duftgeranien mit großen, weichen Blättern riechen meistens nach Pfefferminz. Sie lassen sich, genauso leicht wie die Zitronengeranien auf den folgenden Bildern durch Stecklinge vermehren. Die Wurzelbildung erfolgt am schnellsten in der Wachstumsperiode der Pflanzen, also von Mitte März bis Ende August.

2 Kleine Töpfchen von etwa 7 bis 9 cm Durchmesser werden mit Vermehrungserde gefüllt. Diese ist nährstoffarm und förderlich für die Wurzelbildung. Drücken Sie die Erde leicht an und überbrausen Sie die Töpfe mit einer Gießkanne mit Brausekopf.

3 Schneiden Sie etwa 5 cm lange Triebspitzen von der Mutterpflanze ab. Setzen Sie den Schnitt direkt unter einem Blattknoten an. An dieser Stelle schließt sich die Wunde schnell und es bildet sich teilungsfähiges Gewebe, aus dem die Wurzeln entstehen.

4 Zwei bis drei dieser sogenannten Kopfstecklinge werden jetzt in jedes Töpfchen gesteckt. Achten Sie beim Stecken darauf, dass der Vegetationspunkt – die Stelle, aus der die neuen Blättchen austreiben – über der Erde bleibt.

5 Mit einem Pflanzensprüher oder einer Ballbrause (siehe auch Seite 12) werden die Stecklinge nun mit Wasser besprüht. Bis zur Bewurzelung brauchen sie eine hohe Luftfeuchtigkeit. Diese stellen Sie her, indem Sie die Töpfchen mit einem transparenten Folienbeutel überziehen oder sie in ein Minigewächshaus stellen. Lüften Sie das Gewächshaus täglich und besprühen Sie die Stecklinge hin und wieder mit Wasser.

6 Nach sechs Wochen haben sich feine Wurzeln gebildet, die Sie sehen, wenn Sie die Pflanze vorsichtig aus dem Topf nehmen. Von nun an ist die hohe Luftfeuchtigkeit nicht mehr notwendig und das Dach des Minigewächshauses bleibt geöffnet. Der Steckling beginnt bald, auch oberirdisch zu wachsen. Nach weiteren drei bis vier Wochen setzen Sie die Pflanze in einen größeren Topf mit nährstoffreicher Blumenerde um.

AUF EINEN BLICK

Guter Zeitpunkt: Mitte März bis Ende August
Zeitbedarf: Ca. 30 Minuten
Schwierigkeitsgrad: Mittel
Material und Werkzeug: Mutterpflanze, Gartenschere, Vermehrungserde, Minigewächshaus oder transparenter Folienbeutel, Pflanzensprüher, kleine Gießkanne

Insektenhotel bauen

Bietet man Insekten einen Unterschlupf an, sollte man auch für geeignete Nahrungspflanzen sorgen. Ungefüllt blühende Sträucher und Stauden liefern Nektar und Pollen. In gefüllten Blüten gibt es keine Staubgefäße.

Ein Insektenhotel ist eine Nisthilfe für einzeln lebende Wildbienen und -wespen, die einen großen Beitrag zur Bestäubung von Gemüse- und Obstblüten leisten. Der Bestand der Honigbienen, die in einem durchorganisierten Sozialstaat leben, ist rückläufig. So bekommen die Solitärbienen und -wespen eine zunehmend höhere Bedeutung. Viele Arten dieser nützlichen Bestäuber sind vom Aussterben bedroht. Es fehlt an Nahrung und geeigneten Brutstätten. Mit der modernen Landwirtschaft und in den vielfach eintönigen Gärten gibt es kaum noch einen natürlichen Lebensraum für die Insekten. Unser Insektenhotel bietet zudem Unterschlupf- und Überwinterungsmöglichkeiten für Schmetterlinge und verschiedene Nützlinge wie Marienkäfer und Florfliegen (mehr dazu auf den Seiten 66 bis 67).

AUF EINEN BLICK

Guter Zeitpunkt: Ganzjährig möglich

Zeitbedarf: Ein Wochenende

Schwierigkeitsgrad: Mittel

Material und Werkzeug: 1 Holzkiste, Leimholzbretter, Rest Sperrholz, Rest Kaninchendraht, Lochziegel, Hartholzstücke, Bambusstäbe, Ruten aus weichem Holz (wie Holunder, Hasel, Weide), Zapfen von Nadelbäumen, Schrauben, Nägel, Raspel, Hammer, Akkuschrauber und -bohrer, Handtacker, Stichsäge

So wird's gemacht:

1 Die Form und Größe eines Insektenhotels können Sie ganz frei wählen. Wir haben in einer Holzkiste, mit Material aus dem Baumarkt und dem Garten, verschiedene »Zimmer« eingerichtet, in denen sich die unterschiedlichsten Insekten einnisten können. Diese Nisthilfe ist einfach nachzubauen.

Sie benötigen: 1 Allzweckkiste aus Holz 40 × 30 × 15 cm; für die Gefache 1,8 cm dickes Fichtenleimholz: 2 Stück 12,5 × 27,7 cm, 2 Stück 12,5 × 9,4 cm, 1 Stück 18 × 34 cm; Rest 9 mm dickes Sperrholz 11 × 13 cm, 1 Quadratleiste 1 cm dick und 34 cm lang; Rest Kaninchendraht; 3 Universalschrauben 5,0 × 50 mm; 12 Universalschrauben 4,5 × 30 mm, kurze Stahlnägel; 1 Lochziegel 240 × 115 × 113 mm, Hartholzstücke, Bambusstäbe, Ruten aus weichem Holz wie Holunder, Hasel, Weide, Zapfen von Nadelbäumen.

2 Bevor sich ein Lochziegel als Nisthilfe eignet, muss er etwas bearbeitet werden. Die Löcher sind vielfach zu groß und zu scharfkantig. Entgraten Sie die Löcher daher zuerst einmal. Mit einer groben Raspel aus dem Werkzeugkasten ist das schnell und einfach gemacht.

3 Um die Löcher zu verkleinern, werden sie dann mit einem Lehmbrei verfüllt. Für den Brei geben Sie Lehm aus dem Garten in einen kleinen Eimer, gießen etwas Wasser darauf und verrühren das Ganze mit einem Holzstab zu einer geschmeidigen Masse. Sie sollte etwa die Konsistenz eines Rührteiges haben. Streichen Sie den Brei in die Löcher des Ziegels und stopfen Sie mit den Fingern immer etwas nach, sodass keine Hohlräume entstehen. Nach wenigen Stunden ist der Lehm angetrocknet, aber noch formbar. Mithilfe eines dünnen Bambusstabes werden jetzt wieder kleinere Löcher in den Lehm gebohrt. Alternativ zum Lehm kann man die großen Löcher auch mit hohlen Stängeln (Gräser, Stauden) ausfüllen.

4 Ist der Lehm, etwa nach einem Tag, gut durchgetrocknet, kann man den Lochziegel in das Insektenhotel einbauen. Legen Sie den Ziegel in die Holzkiste und setzen Sie darauf den ersten Zwischenboden aus Leimholz passgenau ein. Der Boden wird mit vier kurzen Schrauben von außen in der Kiste befestigt. Richten Sie den Ziegel in der Mitte des Faches aus. Die rechts und links entstehenden Hohlräume werden mit kurzen Stängeln, z. B. Bambusstäben, Sommerflieder, Holunder-, Weiden- oder Haselruten, ausgefüllt.

5 In der mittleren Etage sollen drei »Zimmer« entstehen. Befestigen Sie die Zwischenwände dafür aufrecht auf dem zweiten Zwischenboden mit jeweils zwei kurzen Schrauben. Richten Sie den Abstand der Wände auf das Maß der kleinen Sperrholzplatte aus. Diese wird später aufgenagelt und soll das mittlere Fach genau abdecken. Den Zwischenboden mit den Seitenwänden schieben Sie jetzt in die Kiste und befestigen ihn auch wieder mit vier kurzen Schrauben. Geben Sie Ihrem Kind ruhig auch einmal den Schrauber in die Hand. Als kleine Hilfestellung können Sie die Schrauben vorher an der richtigen Stelle schon etwas eindrehen.

6 Das Grundgerüst ist nun fertig. Alle Fächer werden jetzt mit verschiedenen Materialien ausgefüllt. Die kleinen Fächer rechts und links in der mittleren Etage werden mit Hartholzabschnitten bestückt. In diese wurden im Vorfeld mit einem Bohrer Löcher gebohrt, die später als Brutröhren dienen. Stellen Sie die Harthölzer aufrecht in die Fächer. Sie sollen in der Länge ungefähr mit der Kastenseitenwand abschließen.

7 Die Hartholzabschnitte müssen fest in den Fächern sitzen, damit sie beim Aufrechtstellen des Hauses nicht herausfallen können. Setzen Sie darum in die Hohlräume zwischen den Hölzern noch einmal dünnere »Röhren« ein. Die stabilen Abschnitte eines Bambusstabes kann man mit einem Hammer fest einschlagen, sodass die Hohlräume ausgefüllt werden und die Hölzer fest verkantet sind.

8 Die obere Etage des Insektenhotels wird zu einer Großraumwohnung für Nützlinge. Florfliegen und Marienkäfer können dieses Hotelzimmer als Unterschlupf und Überwinterungsquartier nutzen. Der gesamte Raum wird mit Zapfen von Nadelbäumen ausgefüllt. Die Zapfen finden Sie im Garten oder auf einem Waldspaziergang. Bringen Sie genügend Zapfen mit. Man benötigt für das obere Fach etwa einen 5-Liter-Eimer voll.

9 Auch die Zapfen müssen vor dem Herausfallen gesichert werden. Verschließen Sie das oberste Stockwerk daher mit einem feinmaschigen Kaninchendraht. Dieser wird in Gefachgröße zugeschnitten und rundherum mit einem Handtacker befestigt.

10 Jetzt wird das noch freie »Zimmer« in der Mitte des Insektenhotels hergerichtet. Der Innenraum bleibt frei. Das Fach wird lediglich mit einer Spezialeingangstür versehen. In die Mitte der kleinen Sperrholzplatte wird ein knapp 1 cm breiter Längsschlitz eingearbeitet. Bohren Sie oben und unten ein Loch mit einem 8-mm-Holzbohrer in das Brettchen. Mithilfe einer Stichsäge verbinden Sie beide Löcher zu einem Schlitz. So entsteht ein maßgeschneiderter Eingang für Schmetterlinge, die hier Unterschlupf finden können.

11 Nun bekommt das Insektenhotel ein schützendes Dach. Dieses hat einen Überstand und wird leicht nach vorne abgeschrägt angebracht. So sind die Fächer etwas vor Regenwasser geschützt. Damit das Dach ein Gefälle bekommt, von dem der Regen ablaufen kann, nageln Sie auf der hinteren Längsseite des Dachbrettes eine Quadratleiste mit 1 cm Kantenlänge auf.

12 Mit drei langen Universalschrauben ist das Dach schnell befestigt. Die Schrauben müssen allerdings exakt sitzen. Alle drei Schrauben werden von oben eingesetzt. Die erste soll durch das Dachbrett und die aufgenagelte Leiste in die Rückwand der Kiste führen. Die Schrauben zwei und drei werden durch das Dach vorne in die Seitenwände gesetzt. Da Rückwand und Seitenwände nur dünn sind, muss man sehr genau messen und schauen, dass man diese mit der Schraube trifft.

Das fertige Insektenhotel wird an einem sonnigen Platz im Garten aufgehängt oder -gestellt, wo es das ganze Jahr über stehen bleibt. Richten Sie die Vorderseite nach Süden oder Südosten aus, damit es nicht hineinregnet.

Wer wohnt denn da?

Der Gedanke an Insekten verursacht bei vielen Menschen zuerst einmal unangenehme Gefühle. Man denkt an Plagegeister, die lästig sind und zudem auch noch stechen. Diese Ängste sind aber unbegründet. Die Bewohner unseres Insektenhotels haben eine faszinierende Lebensweise und sind für uns Menschen ausgesprochen nützlich. Solitärbienen spielen eine wichtige Rolle bei der Blütenbestäubung, andere Insekten arbeiten als biologische Schädlingsbekämpfer, die eine Menge Blattläuse und andere Schädlinge effektiv vernichten. Solitärbienen und Solitärwespen haben natürlich auch einen Stachel. Aber keine Sorge: dieser ist so schwach, dass er die menschliche Haut nicht durchdringen kann. Ein Insektenhotel können Sie zur besseren Beobachtung auch in Sitzplatznähe anbringen, ohne sich oder Ihre Kinder einer Gefahr auszusetzen.

Schmetterlinge nutzen das Insektenhotel gerne als Unterschlupf an Regentagen. Für sie ist das Gefach mit dem lang geschlitzten Eingang gedacht. Einige Schmetterlinge, die als Falter überwintern, nutzen es auch als Winterquartier. Der hier abgebildete Distelfalter gehört allerdings zu den Wanderschmetterlingen, die in südlichen Gefilden überwintern.

Distelfalter finden sich im Sommer häufig im Garten ein..

1 Hier können Sie erkennen, dass das Insektenhotel bereits bewohnt ist. Eine Mauerbiene hat im Frühling die Brutröhre nach außen verschlossen.

2 Im Inneren der Brutröhren hat die Mauerbiene Brutkammern gebaut. Ist die Rückwand fertig, wird die Kammer zur Hälfte mit Nektar und Pollen gefüllt – Nahrungsvorrat für die schlüpfenden Larven. Davor legt die Biene ein Ei und verschließt die Zelle. Weitere Brutkammern werden angelegt, bis die Röhre belegt ist. Aus den Eiern schlüpfen Larven, die sich bis zum Herbst langsam in eine Biene verwandeln. Über Winter bleiben die Bienen noch in ihrem Nest.

3 Im Frühjahr schlüpfen die Mauerbienen (hier *Osmia bicornis*, die Rote Mauerbiene) aus den Brutröhren und machen sich wiederum auf die Suche nach einem geeigneten Nistplatz.

4 Grabwespen ziehen ihre Brut in markhaltigen Pflanzenstängeln auf. Sie versorgen die Larven mit Blattläusen und ernähren sich selbst von Nektar und Pollen. Grabwespen sind somit als Bestäuber und Schädlingsvertilger unterwegs.

5 Florfliegen sind auch unter dem Namen »Goldauge« bekannt. Die erwachsenen Tiere sind zunächst hellgrün, im Spätherbst dann gelblich bis bräunlich gefärbt. Als Winterquartier suchen die Tiere oft ungeheizte Zimmer oder Dachböden auf. Erwachsene Florfliegen ernähren sich von Nektar, Honigtau und Pollen. Die Weibchen legen etwa 400 Eier. Die gefräßigen Larven werden »Blattlauslöwen« genannt. Sie haben zangenförmige Kiefern, mit denen sie ihre Beutetiere festhalten und ihnen ein giftiges Sekret einspritzen, das die Läuse zunächst lähmt und dann ihr Inneres auflöst. Anschließend wird der Saft ausgesaugt.

6 Der Siebenpunkt-Marienkäfer – hier zusammen mit einem asiatischen Marienkäfer – ist der bekannteste Nützling. Die Anzahl der Punkte auf den Flügeldecken gibt aber nicht das Alter der Käfer an, sondern ist eine artspezifische Körperzeichnung. Käfer und Larven ernähren sich von Blattläusen. Ein einziger Käfer frisst bis zu 150 Blattläuse pro Tag, eine Käferlarve vertilgt während ihrer Entwicklung etwa 800 Beutetiere. Asiatische Marienkäfer haben noch größeren Appetit und vermehren sich schneller als die heimischen Kollegen, die sie dadurch zurückdrängen.

67

Herbst

Wenn sich das Laub auf den Bäumen bunt färbt, ist es offensichtlich: Der Herbst hat Einzug gehalten. An sonnigen Tagen raschelt das Laub unter unseren Füßen. Tanken Sie Licht an solchen Tagen und sammeln Sie auf einem Spaziergang die schönsten Blätter, Früchte und Samen ein. Es lassen sich wahre Schmuckstücke damit basteln.

Samenernte

Ist es nicht erstaunlich? Selbst die größten Bäume dieser Erde sind einst aus einem kleinen Samenkorn hervorgegangen. Dieses Wunder des Lebens, die Entwicklung einer fertigen Pflanze aus einem Samen, können Sie mit Ihren Kindern auch im eigenen Garten oder bei der Anzucht auf der Fensterbank beobachten. Von vielen Pflanzen, die Sie im Frühjahr ausgesät haben, können Sie im Spätsommer oder im Herbst Samen nehmen und diesen im kommenden Frühjahr wieder aussäen. Unter Beachtung einiger einfacher Regeln ist es bei vielen einjährigen Blumen-, Kräuter- und Gemüsearten ganz leicht, selbst für den Nachwuchs zu sorgen.

Samen erntet man immer von gesunden, kräftigen und besonders schönen Pflanzen. Interessant ist es auch, Pflanzen, die man normalerweise schon lange vor der Blütenbildung erntet, wie z.B. Salat, einmal bis zur Samenreife stehen zu lassen.

Zu beachten ist der richtige Erntezeitpunkt. Die Samen sollten so lange wie möglich an der Pflanze ausreifen. Sie erkennen die Samenreife daran, dass sich die Samenhüllen öffnen und braun werden. Schneiden Sie bei trockenem und sonnigem Wetter die Samenstände ab und legen Sie diese zum Nachtrocknen auf Küchenpapier in eine Schüssel oder auf einen Teller. Vollständig trockene Samen werden dann aus ihren Hüllen herausgebröselt oder -geschüttelt. Abgepackt in kleine Schraubgläser oder in Tüten, sind die Samen bei fachgerechter Lagerung etwa drei Jahre keimfähig. Samen vertragen keine hohe Luftfeuchtigkeit und sollten bei einer Temperatur unter 18 °C gelagert werden.

Sie können allerdings nicht von allen Pflanzen Samen ernten. Beispielsweise bilden gefüllte Blüten oft gar keine Samen aus. Die Geschlechtsorgane dieser Blüten (Stempel und Staubblätter) sind zu Blütenblättern umgewandelt. Von wenig Erfolg gekrönt ist die Aussaat der Samen von F_1- Hybriden. Diese Pflanzen haben zwar viele besonders gute Eigenschaften, diese bleiben jedoch in der Folgegeneration nicht erhalten. F_1-Saatgut muss daher immer wieder nachgekauft werden. Ob es sich um F_1-Saatgut handelt oder nicht, ist auf der Samentüte vermerkt.

So wird's gemacht:

1 Möchten Sie die Samen von Sonnenblumen ernten, müssen Sie aufpassen, dass die Vögel im Garten Ihnen nicht zuvorkommen. Sobald die Sonnenblume zu welken beginnt und den Kopf hängen lässt, schützen Sie diesen mit einem Netz. Ein Orangen-, Zitronen- oder Zwiebelnetz ist dafür gut geeignet.

2 Sind die Samen reif, schneiden Sie den gesamten Sonnenblumenkopf ab. Jetzt können die einzelnen Samen aus der Blütenmitte herausgezupft werden. Sonnenblumensamen sind vielseitig verwendbar. Man kann sie essen, dafür muss aber noch die Samenhülle entfernt werden. Sie können die Samen trocken aufbewahren und im Frühjahr wieder aussäen oder Sie verwenden sie im Winter als Vogelfutter, z. B. für die Futteranhänger, deren Herstellung auf Seite 108 beschrieben ist.

3 Hülsenfrüchte, wie Erbsen und Bohnen, sind Selbstbefruchter. Daher sind die Nachkommen den Eltern in der Regel sehr ähnlich, sodass sich die eigene Ernte auf jeden Fall lohnt. In diesen Erbsenhülsen kann man die Samen schon erkennen. Sie müssen jedoch so lange an der Mutterpflanze verbleiben, bis die Hülsen trocken und gelb sind.

4 Bohnensamen wachsen wie Erbsen in Hülsen und müssen bis zur Samenreife an der Pflanze bleiben. In einer schön gestalteten Tüte kann Ihr Kind die Samen aufheben und im nächsten Jahr wieder für ein Tipi (siehe Seite 40) aussäen.

5 Die Mohnsamen sind reif, wenn sich die Kapsel rundherum unter dem »Krönchen« öffnet. Die Samen können dann aus den Löchern geschüttelt werden.

6 Ringelblumensamen schneidet man ab, sobald sie reif und trocken aussehen. Schaut man sich die relativ großen Samen einmal genau an, kann man nachvollziehen, woher die Pflanze ihren Namen hat: von ihren ringelförmigen Samen. Ringelblumenblüten sind essbar.

Naturperlenketten basteln

Mitte September macht sich der Herbst in Parks und Wäldern bemerkbar. Die Kastanien, Bucheckern und Eicheln sind reif und fallen auf den Boden. Bei wem erwacht da nicht die Sammelleidenschaft? Greifen Sie zu und stopfen Sie sich die Jackentaschen voll! Man kann herrliche Naturperlenketten und Girlanden daraus basteln. Aus den gröberen Materialien wie Kastanien, Eicheln, Hagebutten, kleinen Zapfen und den Fruchtbechern von Bucheckern haben wir Girlanden fürs Fenster gebastelt. Kleinere Samen und Kerne haben wir zu Halsketten und Armbändern aufgefädelt. Dafür eignen sich besonders gut Apfelkerne, Bucheckern, Kürbiskerne und die kleinen Becher, in denen die Eicheln heranwachsen. Ergänzen Sie das Bastelmaterial für die Halsketten mit Strohhalmen, die Sie in ca. 1,5 cm lange Abschnitte schneiden.

TIPP: Apfelkerne zu sammeln erfordert Geduld. Denken Sie z. B. bei der Apfelmuszubereitung daran, die Kerne aufzuheben.

So wird's gemacht:

1 Für die Naturperlenketten sammeln Sie im Vorfeld viele verschiedene Samen, Kerne und Früchte. Sie brauchen darüber hinaus Verschlüsse, ein Tütchen Quetschperlen und einen dünnen Perlonfaden. Dieses Material bekommen Sie in gut sortierten Bastelgeschäften. An Werkzeug benötigen Sie Nähnadeln, einen Fingerhut, eine Schere, eine Kneifzange und einen Hand- oder einen Akkubohrer.

2 Breiten Sie das Bastelmaterial auf einem großen Tisch aus und animieren Sie die Kinder erst einmal, sich die verschiedenen Früchte anzuschauen. Lassen Sie sie eine »Musterkette« auf den Tisch legen, bevor sie mit dem auffädeln beginnen. So kann man die »Naturperlen« leicht verschieben und tauschen, bis man die ideale Reihenfolge gefunden hat.

3 Für eine Halskette oder ein Armband wird zuerst ein Verschluss an dem Perlonfaden angebracht. Fädeln Sie eine Quetschperle auf, dann eine Hälfte des Verschlusses. Führen Sie den Faden wieder zurück durch die Quetschperle. Nahe am Verschluss wird die Perle mit einer Kneifzange zusammengequetscht und das überstehende Fadenende abgeschnitten.

4 Jetzt kann's losgehen. Kern für Kern, Samen für Samen werden mit einer Nadel durchstochen und aufgefädelt. Hilfreich ist dabei ein Fingerhut, mit dem man die Nadel durch den harten Kern schieben kann, ohne sich dabei zu verletzen. Übrigens: Je frischer die Kerne, desto weicher und leichter zu durchbohren.

5 Ist die Kette lang genug – hier wird Maß genommen –, wird die zweite Hälfte des Verschlusses angebracht. Dazu gehen Sie genauso vor wie am Anfang mit der ersten Verschlusshälfte (siehe Punkt 3). Für die Girlanden brauchen Sie keine besonderen Verschlüsse. Knoten Sie einfach eine Kastanie oder eine Eichel an den Faden und ziehen Sie dann die einzelnen »Naturperlen« auf. Kastanien und die Fruchtbecher der Buche sind sehr hart und müssen mit einem dünnen Hand- oder Akkubohrer vorgebohrt werden. Frische Eicheln lassen sich noch mit einer Nadel, unter Zuhilfenahme eines Fingerhutes, durchstechen. Ziehen Sie die Nadel eventuell mit der Kneifzange wieder aus der Eichel heraus. Zum Aufhängen knoten Sie eine Schlaufe in das obere Fadenende.

6 Armbänder, Halsketten und Girlanden: Hier sind die schönen Ergebnisse unseres Bastelnachmittags aufgereiht.

AUF EINEN BLICK

Guter Zeitpunkt: Mitte bis Ende September
Zeitbedarf: 1 bis 2 Stunden
Schwierigkeitsgrad: Mittel
Material und Werkzeug: Samen, Kerne und Früchte, Verschlüsse, Perlonfaden, Schere, Nadel, Fingerhut, Kneifzange, Hand- oder Akkubohrer

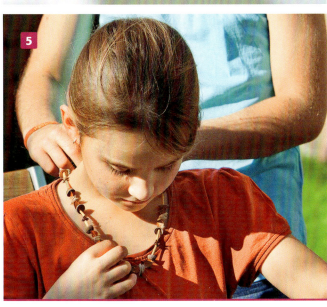

73

Miniaturgarten anlegen

Ein Bauerngarten nach klassischem Vorbild: ein Wegekreuz, vier Beete, mit Buchsbaum eingefasst, und in der Mitte eine blühende Strauchrose. Die Gartenbank stammt aus der Spielzeugkiste.

In einer großen, flachen Pflanzschale kann man wunderbar Landschaften im Miniaturformat nachahmen. Ob man einen Tiergarten, eine Teichlandschaft oder den eigenen Garten nachbauen will – der Fantasie sind keine Grenzen gesetzt. Im Gartencenter gibt es meistens einen Tisch mit Minipflanzen, die sich sehr gut für die Gestaltung einer Landschaft eignen. Rasenflächen kann man aussäen, z.B. mit dem schnell wachsenden Ziervogelgras, das wir auch für die Osternester auf den Seiten 34 und 35 verwendet haben.

Wir haben uns in unserem Beispiel für einen traditionellen Bauerngarten im Kleinformat entschieden. Er soll so aussehen wie ein Garten im Freilichtmuseum: mit buchsbaumumsäumten Beeten, auf denen Blumen, Kräuter, Gemüse und Obststräucher wachsen. Im ersten »Bauabschnitt« wurden mit Kressesamen die »Buchsbaumhecken« angelegt. Vier bis fünf Tage später können die Beete bepflanzt werden.

AUF EINEN BLICK

Guter Zeitpunkt: Im Zimmer ganzjährig möglich

Zeitbedarf: Zwei Mal 30 bis 45 Minuten

Schwierigkeitsgrad: Mittel

Material und Werkzeug: Flache Pflanzschale 40 × 40 cm, Stück Folie, Blähton oder Kies, Blumenerde, Kressesamen, verschiedene Minipflanzen, Schaschlikspieße und Wegesplitt, Accessoires aus der Spielzeugkiste zur Dekoration

So wird's gemacht:

1 Für den ersten Bauabschnitt des Bauerngärtchens brauchen Sie eine große, flache Pflanzschale, Blähton oder Kies, Blumenerde, Schaschlikspieße und Kressesamen. Hat die Pflanzschale ein Abzugsloch, soll aber im Zimmer stehen, brauchen Sie noch ein Stück Folie. Kleiden Sie die Schale damit aus, damit kein Gießwasser herauslaufen kann. Geben Sie eine 3 bis 4 cm dicke Schicht Blähton in das Gefäß. Fügen Sie dann so viel Erde hinzu, dass die Schale bis etwa 1 cm unter den Rand gefüllt ist. Streichen Sie die Erde glatt und drücken Sie sie leicht an.

2 Mit den Schaschlikspießen markieren Sie das Wegekreuz. Rechts und links der Wege werden jetzt Kressesamen ausgebracht. Sieben Sie eine dünne Schicht Erde über die Samenkörner und gießen Sie die Aussaat vorsichtig an. Damit die Körner nicht abschwemmen, nehmen Sie eine Gießkanne mit einer feinen Brause. Kresse keimt schon nach wenigen Tagen. Mit ihren kleinen Blättchen symbolisiert sie die traditionellen Buchsbaumeinfassungen eines Bauerngartens.

3 Bis die Kressesaat aufgegangen ist, können Sie schon einmal im Gartencenter auf dem Minipflanzentisch stöbern. Sie brauchen Pflänzchen, die Bäume symbolisieren, solche, die an Sträucher erinnern, und kleine Ableger, z. B. von Hauswurz, die mit etwas Fantasie aussehen wie Salat- oder Kohlköpfe. Ihre Kinder werden großen Spaß bei der Auswahl der Pflanzen haben. Nach etwa vier bis fünf Tagen sieht die Kresse wie eine perfekte Buchsbaumeinfassung aus. Kresse hat aber auch den Nachteil, dass sie schon nach kurzer Zeit lang wird und geschnitten werden muss. Wer das nicht möchte, kann die Kresse eventuell durch ein Moos ersetzen.

4 Jetzt werden die Beete bepflanzt. Dazu werden die Pflanzen erst einmal ausgetopft und im Minigarten aufgestellt. Arrangieren Sie die Pflanzen so, dass sich ein harmonisches Bild ergibt. Am schnellsten kommen Sie dabei zu einem guten Ergebnis, wenn Sie sich vom »Großen« zum »Kleinen« vorarbeiten. Beginnen Sie also mit den Bäumen. Unsere Bäume, zwei kleine Fiederaralien, sehen aus wie Kugelbäume. Wir haben sie rechts und links vom Eingang gesetzt. Die nächstgrößeren Pflanzen sind die Sträucher. Wir haben dafür ein Exemplar der Zimmerpflanze *Syngonium* (Purpurtute) und einen Farn ausgewählt. Hinten rechts und links in den Ecken des Gartens bilden sie einen schönen Hintergrund für die Blumenbeete und das Gemüse. Vor dem Farn bleibt Platz für eine einladende Gartenbank aus der Playmobil-Kiste. Nachdem die Strukturpflanzen ihren Platz bekommen haben, sind die Blumen und das Gemüse an der Reihe. Mauerpfeffer und Hauswurzarten eignen sich hier besonders. Sie haben dicke, fleischige Triebe bzw. Rosetten in verschiedenen Rot-, Grün- und Grautönen. Teilt man die Pflänzchen vorsichtig, hat man viele verschiedene »Stauden«, »Salate« und »Kohlköpfe« für den übrigen Platz auf den Beeten.

5 Sind Sie und Ihre Kinder mit Ihrem Arrangement zufrieden, können die Pflänzchen in die Erde eingesetzt werden. Gehen Sie, wie beim Arrangieren, auch hier den Weg vom »Großen« zum »Kleinen«. Zuerst werden die Bäume und Sträucher eingepflanzt. Für diese größeren Erdbewegungen muss man, wie im großen Garten, eventuell die Blumen und das Gemüse noch einmal beiseiteräumen. Setzen Sie alle Pflanzen so tief in die Erde, wie sie vorher im Topf gestanden haben. Um die Pflanzen herum wird die Erde vorsichtig angedrückt, damit die Wurzeln einen guten Bodenschluss bekommen.

6 Ein typisches Element aus einem Bauerngarten, das Rosenrondell oder eine mittig platzierte Strauchrose, darf natürlich nicht fehlen. Man findet es dort, wo sich die Wege kreuzen. Die Rolle der Rose übernimmt in unserem Gärtchen ein Korallenmoos. Mit seinen zahlreichen kleinen, orangefarbenen Beeren, die sich lange halten, ist es ideal. Obwohl es vom Minipflanzentisch kam, war es noch zu groß, sodass es behutsam geteilt werden musste. Danach fügte es sich prima in die Gartenlandschaft ein.

7 Nachdem nun die Pflanzarbeiten erledigt sind, werden mit ein paar kleinen Accessoires die i-Tüpfelchen gesetzt. Die Playmobil-Gartenbank wird vor dem Farnstrauch aufgestellt und die Gartenwege werden mit Splitt abgestreut. Außerdem haben wir aus Draht einen kleinen Torbogen geformt, um den sich der bewurzelte Ableger einer Kletterfeige rankt. Abgerundet wird das Arrangement mit zwei kleinen Weihnachtsbaumkugeln, die in unserem Gärtchen den Platz der Rosenkugeln einnehmen.

8 Mit einer feinen Brause wird jetzt gut angegossen. Manchmal sackt die Erde dabei an einigen Stellen etwas ein. Das ist gut, weil die Wurzeln der Pflanzen dann rundherum mit Erde umschlossen werden. Allerdings müssen Sie die Löcher dann noch einmal gezielt mit etwas Erde auffüllen.

Wenn Sie die Pflanzschale mit Folie abgedichtet haben, müssen Sie beim Gießen Ihrer Miniaturlandschaft sehr achtsam sein. Die Pflanzen sollten keinesfalls im Wasser stehen, da die Wurzeln dann schnell von Pilzkrankheiten befallen werden. Gießen Sie nur dann, wenn die Erdoberfläche wirklich trocken ist. So ist gewährleistet, dass auch genügend Luft an die Wurzeln kommt.

Tulpen und Narzissen vortreiben

Bereits in den Wintermonaten zur Blüte gebrachte Tulpen und Narzissen sind allseits sehr beliebt. Schon kurz nach Weihnachten werden vorgetriebene Blumenzwiebeln im Gartencenter angeboten. Zwiebeltreiberei ist keine Zauberei, denn die Blütenanlagen der Frühjahrsblüher sind schon in der Zwiebel angelegt. Auch zu Hause kann sie gelingen. Kinder lieben solche Tricks und sind sehr wissbegierig, wenn es darum geht, etwas scheinbar Unmögliches möglich zu machen. Allerdings müssen Sie sich schon im Herbst, wenn die Zwiebeln der Frühjahrsblüher in großer Auswahl angeboten werden, auf die vorgezogene bunte Pracht vorbereiten. Denn bereits jetzt werden die Zwiebeln für das Frühjahr gepflanzt. Achten Sie beim Zwiebelkauf unbedingt auf Qualität. Gesunde und große Zwiebeln bringen die schönsten Blüten hervor. Theoretisch können Sie jede Blumenzwiebel, die draußen im Garten gepflanzt wird, auch im Haus vortreiben. Mehr Freude hat man jedoch an Sorten, die speziell zum Vortreiben gezüchtet sind. Einen Hinweis auf geeignete Sorten finden Sie auf den Etiketten der Pflanztüten. Viele Blumenzwiebeln blühen erst, wenn sie, wie im Garten, länger gekühlt wurden. Zwiebeln mit dem Hinweis »präpariert« oder »behandelt« wurden ausreichend gekühlt und blühen früher.

So wird's gemacht:

1 Pflanzkörbe oder Tonschalen eignen sich gut. Körbe müssen zuvor mit einer Folie ausgeschlagen werden. Hat das Pflanzgefäß kein Abzugsloch, geben Sie unten eine Schicht Drainagematerial wie Blähton oder Kies hinein.

2 Geben Sie auf die Drainageschicht Blumenerde, bis etwa 2 cm unter den Pflanzgefäßrand. Streichen Sie die Erde glatt und drücken Sie sie leicht an.

3 Zwiebelblumen wirken am besten, wenn sie dicht an dicht im Topf stehen. Drücken Sie die Zwiebeln nahe aneinander, ohne dass sie sich berühren, etwa zur Hälfte in die Erde. Achten Sie darauf, dass die Zwiebeln mit der Basis aufliegen und mit der Spitze nach oben zeigen. Mit etwas Sand wird die Erde abgedeckt, die Zwiebelspitzen schauen noch heraus.

4 Die fertig bepflanzten Gefäße werden gegossen. Zwiebelblumen sind empfindlich gegenüber Staunässe, darum geht man bei ihrer Anzucht sehr sparsam mit Wasser um.

5 Blumenzwiebeln bilden zuerst Wurzeln. Das geschieht bei niedrigen Temperaturen und stets im Dunkeln. Stellen Sie die Pflanzgefäße darum in einem kühlen, aber frostfreien Raum auf. Optimal sind Temperaturen zwischen 5 und 10 °C. Zur Verdunklung werden die Töpfe mit einem schwarzen Vlies abgedeckt. Die Wurzelbildung dauert etwa 10 bis 12 Wochen. Die Töpfe werden mäßig feucht gehalten.

6 Nach der Wurzelbildung beginnen die Blumenzwiebeln auch oberirdisch auszutreiben. Sind die Triebe etwa 5 cm lang, gewöhnt man die Pflanzen in einem halbdunklen Raum bei etwa 15 °C an Licht und höhere Temperaturen. Nach einer weiteren Woche dürfen sie dann hell und warm stehen und werden etwa nach zwei bis drei Wochen blühen.

TIPP: Ausgeblühte Zwiebelblumen stellt man nach draußen, ohne das Laub abzuschneiden. Sobald es frostfrei ist, können Sie die Zwiebeln im Garten auspflanzen. Hier kann das Laub eintrocknen. Die Zwiebeln blühen im nächsten Jahr noch einmal.

AUF EINEN BLICK

Guter Zeitpunkt: September bis November

Zeitbedarf: 20 bis 30 Minuten für die Bepflanzung; bis zur Blüte ca. 3 bis 4 Monate

Schwierigkeitsgrad: Mittel

Material und Werkzeug: Pflanzgefäße, Blumenerde, etwas Sand, Blähton, Blumenzwiebeln

Hyazinthentreiberei

Hyazinthen sind Frühjahrsblüher, die uns nicht nur mit ihren bunten Blütenfarben erfreuen, sondern sich auch durch einen intensiven Duft auszeichnen. Schon wenige Blüten können mit ihrem Duft einen ganzen Raum füllen. Nachdem die Hyazinthentreiberei über Jahre in Vergessenheit geraten war, erfreut sich diese alte Tradition heutzutage wieder wachsender Beliebtheit. Für Kinder ist die Wassertreiberei in speziellen Hyazinthengläsern besonders interessant. Die Zwiebeln wachsen dabei nur in Wasser, ohne Erde, heran. Daher kann man alle Wachstumsvorgänge gut beobachten. Hyazinthengläser sind speziell geformt. Unten sind sie bauchig, oben verengen sie sich und haben dann noch einmal eine Auflage für die Zwiebel. Für die Treiberei im Haus verwenden Sie am besten präparierte Hyazinthenzwiebeln. Diese sind durch eine spezielle Temperaturbehandlung so vorbereitet, dass sie schnell zur Blüte kommen. Zwiebeln und Gläser bekommen Sie etwa von September bis November im Gartenfachhandel. Sie benötigen zusätzlich noch ein lichtundurchlässiges Hütchen, um die Zwiebel von oben abzudunkeln.

TIPP: Ein Hütchen können Sie kaufen oder selbst basteln: Ziehen Sie auf buntem Tonpapier mit einem Zirkel einen Kreis mit einem Radius von 14 cm. Schneiden Sie den Kreis aus und vierteln Sie ihn. Aus jedem Viertel kann man jetzt ein Hütchen zusammenkleben.

So wird's gemacht:

1 Die Hyazinthengläser werden bis zur Verengung mit Wasser gefüllt. Die Zwiebeln vertragen keinen Kalk, sodass man am besten abgekochtes Wasser verwendet. Zwischen Zwiebel und Wasseroberfläche muss etwa 0,5 bis 1 cm Platz sein. Zwiebeln, die direkt im Wasser stehen, können leicht faulen.

2 Auf jedes Glas wird jetzt eine Zwiebel gelegt. In den ersten Wochen müssen die Gläser an einem kühlen und dunklen Ort stehen. 5 bis 9 °C sind optimal. In einem Schrank im Keller oder im Gartenhaus ist ein guter Platz. Dunkeln Sie die Zwiebel oben zusätzlich mit einem lichtundurchlässigen Hütchen ab. Während des Wurzelwachstums müssen Sie den Wasserstand im Glas kontrollieren und Wasser auffüllen, sobald er abgesunken ist.

3 Nach etwa zwei Monaten ist ein langer »Wurzelbart« gewachsen. Jetzt holen Sie die Gläser in einen mäßig temperierten Raum, um die Zwiebeln langsam an höhere Temperaturen und Licht zu gewöhnen. Das Hütchen bleibt zunächst noch auf der Zwiebel liegen.

4 Die Hyazinthe bildet jetzt einen Trieb, der das Hütchen langsam hochschiebt. Sie können die Zwiebeln jetzt noch wärmer stellen, um das Wachstum zu beschleunigen.

5 Das Hütchen wird nun abgenommen, Die Blütenknospe ist schon zu sehen. Jetzt dauert es nur noch wenige Tage, bis die Hyazinthe blüht.

6 Ohh … wie das duftet! Eine blaue und eine rosafarbene Hyazinthenblüte sind zum Vorschein gekommen. Neben diesen beiden Farben gibt es noch violette und weiße Sorten. Nach der Blüte können die Zwiebeln an einem frostfreien Tag draußen in den Garten gepflanzt werden. Schneiden Sie die Blüte nach dem Abblühen heraus. Das Laub muss allerdings von selbst eintrocknen, damit die Zwiebel noch Nährstoffe einlagern kann.

AUF EINEN BLICK

Guter Zeitpunkt: September bis November

Zeitbedarf: 20 bis 30 Minuten für das Aufsetzen der Zwiebeln, bis zur Blüte ca. 10 bis 12 Wochen

Schwierigkeitsgrad: Mittel

Material und Werkzeug: Hyazinthenzwiebeln, Hyazinthengläser, Hütchen

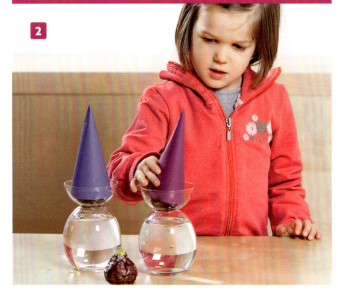

Basteln mit Blättern

In einer speziellen Pflanzenpresse können viele Blätter auf einmal gepresst werden. Gepresste Blätter halten länger und können für alle Bastelvorschläge genutzt werden.

Kürzer werdende Tage und erste Frostnächte signalisieren den Bäumen, dass sie sich auf den Winter vorbereiten müssen. Wertvolle Blattinhaltsstoffe wie das Blattgrün werden in Stamm und Wurzel transportiert und dort bis zum nächsten Austrieb eingelagert. Dadurch werden andere Blattfarbstoffe, die für die Gelb- und Orangefärbung der Blätter verantwortlich sind, sichtbar. Tiefe Nachttemperaturen, aber tagsüber blauer Himmel und Temperaturen im zweistelligen Bereich, sorgen für eine besonders intensive Blattfärbung. Unter diesen Bedingungen bilden viele Bäume auch die roten Blattfarben. Für uns eine Einladung, im Wald spazieren zu gehen und Blätter zu sammeln. Das Laub kann man für viele farbenfrohe Bastelleien verwenden, mit denen man, bis in die Adventszeit hinein, Tische oder Wände schmücken kann. Auch eine Anregung für kleine Botaniker ist dabei: Die Anlage einer Pflanzensammlung, eines sogenannten Herbariums.

AUF EINEN BLICK

Guter Zeitpunkt: Mitte bis Ende Oktober

Zeitbedarf: Blätter pressen: Ca. 30 Minuten (ohne Wartezeit); Bilderrahmen: Ca. 30 Minuten; Herbarium: mehrere Stunden; Laterne: 30 bis 60 Minuten

Schwierigkeitsgrad: Blätter pressen: Einfach; Bilderrahmen: Einfach; Laterne: Mittel; Herbarium: Anspruchsvoller

Material und Werkzeug: Bilderrahmen: Kleine Rahmen, Kleber, Buntstifte; Laterne: Bastelsatz für Laternen aus Unterteil, Oberteil, Transparentpapier, Kerzenhalter, Teelicht, Kleber; Herbarium: Vorgefertigte Sammelblätter, Sammelmappe, Bestimmungsbuch, Schreibstift

So wird's gemacht – Blätter pressen:

1 Die Blätter, mit denen man basteln möchte, müssen erst haltbar gemacht werden. Dazu werden sie getrocknet und gepresst. Regennasse Blätter werden zunächst auf Zeitungspapier ausgelegt und können erst am nächsten Tag gepresst werden. Trockene Blätter kann man gleich in einer Pflanzenpresse aufbereiten. Verwenden Sie möglichst schön gefärbte und gut erhaltene Blätter.

2 Eine Pflanzenpresse besteht aus zwei Sperrholzplatten, vier Spannschrauben, mehreren Wellpappeeinlegern und saugfähigem Papier. Sie können Pressen fertig kaufen (Bezugsquelle: siehe Seite 116) oder auch selbst basteln. Bauen Sie die Pflanzenpresse auseinander und schichten Sie dann die Papiere und die Blätter ein. Zuerst legen Sie eine Wellpappe auf das untere Sperrholz und bedecken sie mit saugfähigem Papier. Darauf ordnen Sie einige Blätter so an, dass sie sich nicht berühren. Decken Sie die Blätter wieder mit saugfähigem Papier ab und beginnen Sie von vorn.

3 Etwa fünf bis sechs Blätterschichten können, abwechselnd mit den Papieren, in eine Pflanzenpresse eingelegt werden. Dann wird die Pflanzenpresse mit der oberen Sperrholzplatte geschlossen. Mit den Flügelschrauben wird die Platte fest angezogen. Beim Pressen werden austretende Pflanzensäfte von dem Papier aufgesogen. Pressen Sie Blüten mit relativ weichen und feuchten Stängeln, müssen Sie das Papier nach einem Tag auswechseln, damit die Pflanzenteile nicht zu schimmeln beginnen. Nach etwa zwei Wochen sind die Blätter gut durchgetrocknet und schön glatt gepresst.
TIPP: Man kann Blätter und andere Pflanzenteile auch in dicken Büchern pressen. Dazu werden die Pflanzenteile zwischen Zeitungspapier in das Buch gelegt. Das Buch beschweren Sie mit weiteren Büchern oder Ziegelsteinen.

So wird's gemacht – Blätter einrahmen:

1 Eine einfache Möglichkeit, das schöne Herbstlaub zu präsentieren, ist das Einrahmen der Blätter in kleine Holzbilderrahmen. Sie können einen etwas größeren Rahmen mit mehreren Blättern bestücken oder jeweils ein ausgesucht schönes Blatt in einen kleinen Rahmen einspannen (Bezugsquelle: siehe Seite 116). Bauen Sie den Bilderrahmen auseinander und entnehmen Sie das Einlegeblatt. Darauf kann Ihr Kind ein schönes herbstlich gefärbtes, gepresstes Blatt kleben. Lassen Sie es darunter den Namen des Baumes schreiben, von dem das Blatt stammt.

2 Der Bilderrahmen lässt sich kinderleicht wieder zusammenbauen. Kleine oder ungeduldige Kinder kommen so schnell zu einem Erfolgserlebnis. Sie lernen beim Betrachten ihres Werkes ganz schnell Bäume kennen und können die Blätter zuordnen.

3 Kleine Rahmen mit Herbstblättern kommen am besten zur Geltung, wenn Sie mehrere davon zusammenstellen. Jedes »Bild« zeigt ein Blatt mit einer anderen Herbstfärbung. Das Eichenblatt links schlägt gerade von grün nach gelb um, das Kirschblatt in der Mitte hat sich kräftig rot gefärbt und das Feldahornblatt rechts leuchtet in einem intensiven Gelbton.

So wird's gemacht – ein Herbarium anlegen:

1 Manche Kinder sind regelrechte kleine Botaniker, die sich sehr für Pflanzen interessieren. Mit ihnen kann man sehr gut ein kleines Herbarium anlegen. Dafür benötigen Sie gepresste Blätter, ein Pflanzenbestimmungsbuch, Kleber, Schreibstifte und am besten schon vorgefertigte Herbarblätter.

2 Für ein einfaches Herbarium kann ein solches Blatt etwa so aussehen: Lassen Sie ¾ der Seite frei, um dort die Blätter aufzukleben. Im unteren Viertel geben Sie ein paar Zeilen vor, die dann jeweils ausgefüllt werden müssen, z. B.
- Deutscher Pflanzenname:
- Botanischer Pflanzenname:
- Fundort:
- Datum:

Die Blätter und/oder andere Pflanzenteile werden nach dem Pressen auf dem Herbarbogen aufgeklebt. Mithilfe eines Bestimmungsbuches versuchen Sie zusammen mit Ihrem Kind herauszufinden, von welchem Baum das Blatt stammt.

3 Ihr Kind wird mit Begeisterung den Herbarbogen ausfüllen. Die Blätter werden gelocht oder in eine Klarsichtfolie gezogen. Sie können die fertig gestalteten Blätter auch laminieren, dann sind die Seiten besonders haltbar. In einer schönen Mappe abgeheftet, entsteht mit der Zeit ein Pflanzenbestimmungsalbum, das Sie sich immer wieder gerne anschauen werden.
TIPP: Wer sich mit der Pflanzenbestimmung schwertut, kann auch ein Blättersammelbuch kaufen. Auf der linken Seite sind die Blätter, Blüten und Früchte bestimmter Bäume beschrieben. Auf der rechten Seite ist Platz, um selbst gesammelte und gepresste Blätter einzukleben (Bezugsquelle: siehe Seite 116).

So wird's gemacht – Herbstlaub-Laterne:

1 Im Herbst, wenn es früh dunkel wird, finden viele Laternenumzüge statt. Mit einer selbst gebastelten Blätterlaterne ist Ihr Kind dafür bestens ausgerüstet. Spätestens am Martinstag, dem 10. November, sollte die Laterne fertig sein. Sie brauchen dafür einen Laternenbastelsatz, den man im Herbst in jedem Bastelgeschäft bekommt, einen Kerzenhalter, ein Teelicht, einen Laternenstab und natürlich getrocknete und gepresste Blätter.

2 Der Laternenbastelsatz besteht aus einem Laternenboden, einem Deckel, einem Drahtbügel und einem passenden Bogen Transparentpapier. Auf dem Transparentbogen werden verschiedene Herbstblätter aufgeklebt. Wer viele Blätter gesammelt hat, kann diese auch etwas überlappend aufkleben. Die Schicht sollte aber nicht allzu dick werden, damit das Kerzenlicht später noch durchscheinen kann. Lassen Sie oben und unten einen Rand von mindestens 2 cm frei.

3 Im nächsten Schritt wird der Transparentpapierbogen zu einem »Zylinder« zusammengeklebt. Kleben Sie das Papier so weit übereinander, dass der Zylinderdurchmesser genauso groß ist wie der Laternenboden und der Deckel. Dafür braucht Ihr Kind ein wenig Geduld und wahrscheinlich auch Ihre Hilfe.

4 In der Mitte des Laternenbodens wird jetzt ein Kerzenhalter eingesetzt. Sie haben die Wahl zwischen einem Halter für Weihnachtsbaumkerzen, der mit Laschen im Boden eingeklemmt wird, oder einem Teelichthalter, der einfach aufgeklebt wird.
TIPP: Erscheint Ihnen eine echte Kerze für Ihr Kind noch zu gefährlich, können Sie den Kerzenhalter weglassen und stattdessen einen Laternenstab mit einem batteriebetriebenem Lämpchen benutzen. Eine wahre Erleichterung, auch bei Regenwetter und Wind.

5 Laternenboden, Transparentpapier und Laternendeckel werden jetzt zusammengefügt. Wenn Sie beim Zusammenkleben des Papierzylinders genau gearbeitet haben, geht das ganz leicht. Streichen Sie den Rand des Laternenbodens innen mit Klebstoff ein und fügen Sie den unteren Rand des beklebten Papierzylinders in den Boden ein. Der Seitenrand des Deckels wird ebenfalls eingestrichen und dann oben aufgesetzt. Zum Schluss muss noch der Drahtbügel angebracht werden, an dem Sie den Laternenstab befestigen können.

6 Unsere schöne Laterne ist natürlich wiederverwendbar. Nach dem Laternenumzug können Sie sie als herbstliches Windlicht nutzen. Auf dem Esstisch oder draußen auf dem Terrassentisch kann sie bis in den Advent ihr stimmungsvolles Licht verbreiten.

Herbstkranz basteln

Erlaubt ist, was gefällt. Auf einem Herbstkranz lassen sich die gesammelten Schätze aus Garten und Wald prima zusammenstecken.

Herbststimmung, in warmem Licht leuchtet die Natur in ihren schönsten Farben. Zu keiner anderen Jahreszeit bietet sie uns so viele Früchte, bunte Blätter und Blüten. Nur jetzt kann man so aus dem Vollen schöpfen. Auf Waldspaziergängen und Streifzügen durch den Garten erwacht bei Groß und Klein die Sammelleidenschaft. Kastanien, Eicheln, Walnüsse, Bucheckern, buntes Laub und Hagebutten sind typische Herbstfrüchte. Kombiniert mit Blüten, z. B. von *Sedum* (Fetthenne) und Hortensien, lassen sie sich zu einem herbstlichen Kranz verarbeiten. Ein echter Hingucker, mit dem Sie sich die Herbststimmung ins Haus holen können. Unser Kranz wird nicht gebunden, sondern gesteckt. Diese Methode ist auch von Kindern leicht zu erlernen, und das Ergebnis muss sich nicht verstecken. Kaufen müssen Sie lediglich einen Kranzrohling aus Stroh, einige Steckdrähte und einen Beutel Drahtklammern (Patenthaften, gibt es im Bastel- oder Floristenbedarf). Alle anderen Materialien sind in freier Natur zu finden.

AUF EINEN BLICK

Guter Zeitpunkt: September und Oktober

Zeitbedarf: 90 bis 120 Minuten

Schwierigkeitsgrad: Mittel

Material und Werkzeug: Moos, Herbstliches aus Wald und Garten, Strohkranz, Drahtklammern (Patenthaften), Steckdraht, Rosenschere, Kneifzange, Heißklebepistole

So wird's gemacht:

1 Auf dem Terrassentisch liegen alle gesammelten Zutaten bereit. In den Spankörben befinden sich bunte Blätter, Kastanien, Walnüsse, Hagebutten, Schneebeeren, Pfaffenhütchen, Physalis, Zieräpfel, Zierkürbisse und Sedumblüten. Diese Liste ist aber nur eine Anregung. Lassen Sie sich inspirieren und sammeln Sie, was Ihnen gefällt. Grundsätzlich dabei sein sollte genügend Moos. Finden Sie keines im Garten, können Sie es im Gartenfachhandel kaufen. Viele Moosarten stehen unter Naturschutz, daher darf man es nicht im Wald sammeln.

2 Der Strohkranz wird im ersten Schritt komplett mit Moos abgedeckt. Die Unterseite des Kranzes kann dabei frei bleiben. Stecken Sie die Moosplaggen mit einigen Drahtklammern auf der Strohunterlage fest. Auf dem jetzt grünen Kranz heben sich die Herbstfrüchte besonders gut ab.

3 Sedum-Blüten können Sie frisch verwenden. Sie trocknen mit der Zeit auf dem Kranz ein, verlieren dabei aber kaum an ihrer wunderschönen purpurroten Farbe. Zerschneiden Sie die großen Blütenstände in mehrere kleine Blütendolden.

4 Legen Sie, je nach Größe, zwei oder drei der Teilblüten zusammen auf den Mooskranz und stecken Sie diese mit einer Drahtklammer fest. Der Anfang ist gemacht. Weiter wird im Kreis gesteckt. Mit den nächsten Früchten oder Blättern verdecken Sie immer wieder die Klammer des zuvor aufgesteckten Materials.

5 Hagebutten kommen gut zur Geltung, wenn man sie gleich büschelweise aufsteckt. Sammeln Sie diese Früchte der Rosen möglichst vor dem ersten Frost. Sind sie erst einmal durchgefroren, werden sie in der Wärme des Hauses schnell schrumpelig. Das Gleiche gilt auch für die weißen Schneebeeren. Bei der hier gezeigten Stecktechnik ist es aber auch jederzeit möglich, unansehnlich gewordene »Schmuckstücke« herauszunehmen und durch neue, frische oder getrocknete, Pflanzenteile zu ersetzen.

6 Größere, einzelne Früchte, die keinen Stiel haben, mit dem sie befestigt werden können, kann man im Kranz integrieren, indem man sie zuvor auf einen Draht spießt. Schneiden Sie mit einer Kneifzange 5 bis 6 cm Steckdraht ab und stecken Sie diesen in die Frucht.

7 Die aufgestielten Früchte werden mit der anderen Seite des Drahtes in der Strohunterlage befestigt. Mit dieser Technik können Sie beispielsweise einzelne Zieräpfel und kleine Zierkürbisse befestigen. Sollte sich der Draht oben wieder aus der Frucht herausschieben, schneiden Sie ihn einfach ab, sobald er tief und fest im Strohkranz steckt.

8 Ist der Kranz rundherum mit herbstlichen Materialien bestückt, nehmen Sie ihn noch einmal in Augenschein. Entdecken Sie kahle Stellen oder sichtbare Drahtklammern, kommt die Stunde der Heißklebepistole. Mithilfe des Heißklebers kann man solche Stellen schnell und unkompliziert mit Nüssen, Kastanien oder kleinen Zapfen verdecken. Natürlich können Sie diese auch aufkleben, wenn Sie nichts zu verbergen haben.

9 Die Heißklebepistole wird mit einer Stange Kleber bestückt. Dieser wird erhitzt und dadurch flüssig. Tropfen Sie den heißen Kleber z. B. auf eine Walnuss und kleben Sie diese sofort auf die vorgesehene Stelle. Der Kleber wird in Sekundenschnelle wieder fest. Kinder sollten nur unter Aufsicht mit der Klebepistole arbeiten. Die Verletzungsgefahr ist nicht gering.
TIPP: Ein absolut edles »finish« verleihen Sie Ihrem Kranz, wenn Sie ihn zum Schluss mit Blattglanzspray übersprühen. Dieses bekommen Sie im Gartenfachhandel.

Igelhaus bauen

In einer geschützten Ecke im Garten, versteckt unter Herbstlaub, hat das Igelhaus einen optimalen Standort. Der kleine Eingang macht das Haus katzen- und hundesicher.

Jeder Biogärtner, ob groß oder klein, freut sich, wenn ein Igel Einzug im Garten gehalten hat. Igel können eine Menge Käfer, Larven und Schnecken vertilgen, rühren dabei aber keine Pflanzen an. Wollen Sie mit Ihren Kindern Igel beobachten, müssen Sie sich abends, wenn es dunkel wird, auf die Lauer legen. Igel sind nacht- und dämmerungsaktiv. Ist ein Igel in der Nähe, ist er nicht zu überhören. Sein Rascheln, Schmatzen und Schnaufen ist deutlich wahrnehmbar.

Igelbabys kommen schon mit etwa 100 Stacheln zur Welt. Allerdings sind diese anfangs noch sehr weich. Ein erwachsener Igel hat bis zu 8 000 Stacheln, die ihn wie ein Schutzkleid umgeben. Bei Berührung oder unmittelbarer Gefahr rollt sich der Igel blitzschnell zu einer Kugel zusammen. Natürliche Feinde haben so keine Chance mehr zuzubeißen.

Soll der stachelige Geselle im Garten bleiben, muss man ihm Unterschlupf bieten. Im Naturgarten findet er diesen im Laub unter Hecken, Sträuchern oder Geräteschuppen. Zusätzlich können Sie ihm das Leben erleichtern und als Futterplatz und Überwinterungsmöglichkeit ein Igelhaus bauen. Hier kann er sicher Winterschlaf halten.

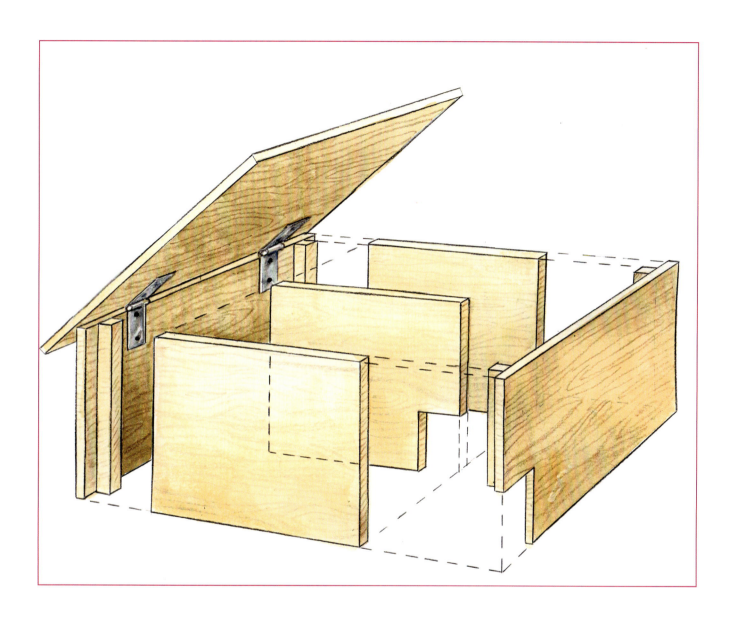

Detaillierte Materialliste:

- Sperrholz 8 mm dick:
- 1 Vorderseite: 60 × 30 cm, Türöffnung links 10 × 10 cm
- 1 Rückwand: 60 × 30 cm
- 2 Seitenwände: 40 × 30 cm
- 1 Zwischenwand: 40 × 30 cm, Türöffnung rechts 10 × 10 cm
- 1 Dachklappe: 70 × 50 cm
- Kanthölzer, 3 × 3 cm: 4 × 30 cm lang, 2 × 20 cm lang
- 2 Scharniere (gerollte, breite Tischbänder) 140 × 34 × 1,5 mm
- Holzschrauben, Holzleim

AUF EINEN BLICK

Guter Zeitpunkt: September

Zeitbedarf: 2 und 3 Stunden

Schwierigkeitsgrad: Mittel

Material und Werkzeug: Sperrholz, Kanthölzer, Holzschrauben, Leim, Scharniere, Akkuschrauber oder Schraubendreher, Schraubzwingen, Stichsäge, Zollstock und Winkel

So wird's gemacht:

1 Unser Igelhaus besteht aus einem Futterplatz und einem Schlafzimmer. Die kleinen, verwinkelten Eingänge machen den Unterschlupf katzensicher. Das Holz bekommen Sie im Baumarkt. Dort können Sie sich die Sperrholzplatten gleich auf das richtige Maß zuschneiden lassen. Die Türöffnungen in der Vorderseite und der Zwischenwand müssen Sie selbst hineinschneiden. Zeichnen Sie die Öffnungen mithilfe von Zollstock und Metallwinkel an. Mit einer Stichsäge sind die Eingänge schnell gesägt. Fixieren Sie die Kanthölzer mit Leim und Schrauben an den Seitenwänden und der Zwischenwand. Die kürzeren Stücke kommen dabei an der linken Vorderseite und der rechten Zwischenwandseite zum Einsatz – an den Kanten, an denen die Eingänge ausgesägt wurden.

2 Zu zweit geht es am besten: Die Seitenwände und die Zwischenwand werden mit der Rückwand verbunden. Mit einem Akkuschrauber können Sie die Schrauben direkt durch die Rückwand in die Kanthölzer schrauben. Benutzen Sie einen Schraubendreher, ist es einfacher, wenn Sie kleine Löcher vorbohren. Stehen Sie Ihren Kindern dabei mit Rat und Tat zur Seite, lassen Sie sie aber, entsprechend ihrem Alter, möglichst viel selbst machen. Das fördert das Verantwortungs- ebenso wie das Selbstbewusstsein.

3 Sind Rück-, Seiten- und Zwischenwand miteinander verbunden, wird die Vorderseite ebenfalls mit Holzschrauben an den Kanthölzern befestigt. Achten Sie auf die richtige Position der Türöffnung. Dann werden die Scharniere für die Dachklappe angeschraubt. Befestigen Sie diese zuerst an der Rückwand, dann an der Dachklappe. Dabei ist sicherlich die Hilfe eines Erwachsenen notwendig.

4 Das Igelhaus ist jetzt so weit fertiggestellt, dass es an seinem endgültigen Platz aufgestellt werden kann. Suchen Sie dafür eine windgeschützte Stelle in Ihrem Garten aus. Der Boden sollte möglichst glatt sein, damit man die Futterstelle leicht reinigen kann. Stellen Sie das Haus beispielsweise auf alte Betonwegplatten.

5 Das »Esszimmer« im Igelhaus wird mit Zeitungspapier ausgelegt. Darauf können Sie einen Napf, z. B. einen Blumenuntersetzer aus Ton, stellen. Igel mögen gerne Katzenfutter, vermischt mit Haferflocken, oder ungewürztes Rührei. Da Igel nachts aktiv sind, werden sie sich in der Dunkelheit über das Fressen hermachen. Halten Sie den Futterplatz sauber, damit keine Krankheiten übertragen werden. Der Napf wird regelmäßig gespült, das Zeitungspapier kann leicht ausgewechselt werden. Die Schlafkammer wird mit Stroh ausgepolstert. Der Igel wird es sich dort noch mit Laub gemütlich machen, das er auf seinen Stacheln transportiert.

6 Im Oktober oder November ziehen sich die Igel zum Winterschlaf zurück, um die kalte und nahrungsarme Jahreszeit zu überbrücken. Sie rollen sich an einem geschützten Platz ein, z. B. im Igelhaus, und überdauern in dieser Stellung die nächsten fünf bis sechs Monate. Alle Stoffwechselfunktionen werden auf ein Minimum heruntergesetzt. Trotzdem verliert ein Igel während des Winterschlafs etwa 30 Prozent seines Körpergewichtes. Finden Sie Ende September noch Igel im Garten, die unter 500 g wiegen, sollten Sie ihnen Futter anbieten. Weitere Informationen zur Igelpflege und zum Igelschutz finden Sie im Internet auf der Seite www.pro-igel.de

Winter

Stille zieht ein. Die Bäume haben ihre Blätter abgeworfen, die Gartenpflanzen haben das Wachstum eingestellt. Für ein wenig Leben im Garten sorgt ein selbst gebautes Vogelfutterhäuschen. Kleine Bastelfreaks können sich außerdem an einer ganz einfach herzustellenden Eislaterne oder an einem selbst gemachten Adventskranz versuchen.

Bratäpfel zubereiten

»Kinder, kommt und ratet, was im Ofen bratet! Hört, wie's knallt und zischt. Bald wird er aufgetischt, der Zipfel, der Zapfel, der Kipfel, der Kapfel, der gelbrote Apfel.« Das bekannte Gedicht vom Bratapfel schwirrt mir bei der Zubereitung seit meiner Kindheit im Kopf herum. Herrlich, nach einem kalten Winterspaziergang einen köstlich duftenden Bratapfel zu genießen. Haben Sie auch diese Erinnerungen? Geben Sie sie an Ihre Kinder weiter, damit solche Traditionen nicht verloren gehen.

Die Zubereitung von Bratäpfeln ist kinderleicht. Größere Kinder können das selbstständig, sofern sie bereits den Umgang mit einem heißen Backofen unter Ihrer Aufsicht gelernt haben.

Bratäpfel schmecken besonders gut, wenn man säuerliche Apfelsorten verwendet, wie z.B. Braeburn oder Roter Boskop. Für die Zubereitung gibt es eine große Vielfalt an Rezepten. Wir zeigen hier eine einfache Zubereitung mit Walnüssen, Rosinen, Honig und Zitronensaft. Besonders weihnachtlich schmecken und duften die Äpfel, wenn man die Füllung mit Zimt und gemahlenen Nelken würzt. Dazu passt ganz hervorragend eine Vanillesoße oder Vanilleeis.

So wird's gemacht:

1 Für die Zubereitung von sechs Bratäpfeln brauchen Sie: 6 große, säuerliche Äpfel; 80 g gehackte Walnüsse; 50 g halbierte Rosinen; 3 Esslöffel flüssigen Honig; 1 Esslöffel Zitronensaft; ½ TL Zimt, 1 Messerspitze gemahlene Nelken, Fett für die Form. Der Backofen wird auf 200 °C vorgeheizt, bei Umluft genügen 180 °C.

2 Die Äpfel werden mit warmem Wasser gewaschen und trocken gerieben. Dann wird mithilfe eines Apfelausstechers das Kerngehäuse entfernt. Stechen Sie den Apfel dabei nicht ganz durch, der Boden soll geschlossen bleiben, damit die Füllung nicht ausläuft. Schneiden Sie oben von den Äpfeln einen etwa 2 cm dicken Deckel ab. Das kleine Apfelstecherloch wird jetzt mit einem Messer verbreitert, damit mehr Füllung in den Apfel passt.

3 In einer Rührschüssel werden die Zutaten für die Füllung der Äpfel – Walnüsse, Rosinen, Honig, Zitronensaft und, wer mag, Zimt und Nelken – gut miteinander verrührt. Dabei darf auch schon mal genascht werden. Die Masse soll die Konsistenz eines zäh-klebrigen Breis haben.

4 Mit einem Löffel geben Sie die Füllung jetzt in die ausgehöhlten Äpfel. Das erfordert ein bisschen Geduld, weil die Masse durch den Honig sehr klebt.
TIPP: Wer gerne Marzipan mag, kann unten in jeden Apfel eine halbe Marzipankartoffel bröseln.

5 Stellen Sie die Äpfel als nächstes in eine gefettete, feuerfeste Form. Legen Sie die Deckel jeweils zurück auf die Äpfel und schieben Sie die Form auf der mittleren Schiene in den vorgeheizten Backofen. Nach 30 Minuten ist Ihre Küche mit einem herrlichen Duft gefüllt und Sie können die Bratäpfel aus dem Ofen holen.

6 Während des Backens ist Zeit genug, eine Vanillesoße zu kochen. Das geht besonders einfach, wenn Sie ein Päckchen Vanillepudding mit etwas mehr Zucker und der doppelten Menge Milch zubereiten. Servieren Sie die Bratäpfel auf einem Teller, gießen Sie etwas Vanillesoße darüber und verzieren Sie die köstliche Mahlzeit mit einer halben Walnuss.

AUF EINEN BLICK

Guter Zeitpunkt: Schmeckt im Winter
Zeitbedarf: 20 bis 30 Minuten, 30 Minuten backen
Schwierigkeitsgrad: Einfach
Material und Werkzeug: 6 große Äpfel, Walnüsse, Rosinen, Honig, Zitronensaft, Zimt, Nelken Apfelausstecher, feuerfeste Backform, Messer, Rührschüssel, Löffel

Adventskranz basteln

Der festliche Adventskranz mit weißen Kerzen ist mit kleinen Weihnachtsbaumkugeln und echten Zimtsternen geschmückt. Das Tannengrün und die Koniferenzweige stammen aus dem eigenen Garten.

Gute Tradition ist es bei uns, mit der gesamten Großfamilie, bestehend aus Tanten, Onkel, Großeltern, Eltern, Kindern, Cousins und Cousinen, Nichten und Neffen, in der Woche vor dem ersten Advent Kränze zu basteln. Jeder bringt mit, was er aus dem eigenen Garten zur Verfügung stellen kann: nichtnadelndes Tannengrün, Zweige von Koniferen, Ilex und immergrünen Buchsbaum sowie Efeu, möglichst mit Fruchtansatz. Dazu gesellen sich meistens auch Hagebutten und kleine Kiefernzapfen. Für den Eigenbedarf besorgt sich jeder vier Kerzen und einen Kranzrohling aus Stroh. Weiteres Bastelmaterial wird nach Absprache im Vorfeld gemeinsam gekauft.

AUF EINEN BLICK

Guter Zeitpunkt: Woche vor dem ersten Advent

Zeitbedarf: 90 bis 120 Minuten

Schwierigkeitsgrad: Mittel

Material und Werkzeug: Tannengrün, Immergrünes aus dem Garten, Strohkranz, Drahtklammern (Patenthaften), Steckdraht oder Kerzenhalter, 4 Kerzen, weiterer Schmuck ganz nach persönlichem Geschmack, Rosenschere, Heißklebepistole

So wird's gemacht:

1 Ein selbst gebastelter Adventskranz hat viel mehr Charme als ein gekaufter Kranz. Das Bastelmaterial kostet nur wenige Euro und ist mehrfach verwendbar. Das Tannengrün stammt aus dem eigenen Garten. Achten Sie darauf, dass es nicht nadelt. Verwenden Sie Nobilis- oder Nordmanntanne, dann haben Sie wirklich bis Weihnachten Freude an Ihrem Kranz. Sie können auch einige Zweige kaufen und diese mit Grün von anderen Koniferen mischen. Scheinzypressen, Lebensbaum und Wacholder wachsen in vielen Gärten und nadeln auch nicht vorzeitig.

2 Für einen Adventskranz wird zunächst ein schlichter grüner Kranz hergestellt, der dann in weiteren Schritten festlich geschmückt wird. Von den grünen Zweigen kann man nur die Spitzen des Haupttriebes und der Seitentriebe verwenden. Schneiden Sie diese Spitzen etwa in einer Länge von 5 bis 10 cm mit einer Gartenschere ab. Legen Sie sich diese kurzen Triebe, sortenweise getrennt, in Häufchen auf Ihren Arbeitstisch.

3 Wenn Sie sich einen Grünvorrat geschnitten haben, geht es los: Zwei bis drei Zweigspitzen werden in der Hand gebündelt und im unteren Drittel mithilfe einer Drahtklammer (Patenthaften, gibt es im Bastel- oder Floristenbedarf) auf den Strohkranz gesteckt. Die Grünbündel überlappen immer so weit, dass die Klammer von den nächsten Trieben verdeckt wird. Das geht, wie man sieht, wirklich kinderleicht – viel leichter als das Binden eines Kranzes mit Wickeldraht.

4 Für einen Tischkranz oder auch für einen Türkranz bleibt die Unterseite des Strohrohlings frei. So steht der Kranz sicher auf seiner Unterlage und wackelt nicht. Wollen Sie den Kranz aufhängen, muss allerdings auch die dann sichtbare Unterseite mit grünen Zweigen besteckt werden.
TIPP: Wenn Sie keine Zeit haben, das Tannengrün selbst zu stecken, können Sie auch einen begrünten Kranz kaufen und diesen dann, nach eigenem Geschmack, mit Kerzen und weihnachtlichem Schmuck dekorieren.

5 Haben Sie den Strohkranz rundherum mit grünen Zweigen bestückt, ist die Hauptarbeit schon geschafft. Jetzt können Sie kreativ werden und Ihren Kranz schmücken. Beginnen Sie mit den Kerzen. Man kann sie auf spezielle Kerzenständer setzen, die mit einer langen Spitze in den Strohkranz gesteckt werden. Sie können auch Steckdraht an der Unterseite der Kerzen befestigen und diesen dann in die Unterlage stecken. Dazu schneiden Sie den Steckdraht mit einer Kombizange in 8 cm lange Abschnitte. Halten Sie den Draht mit der Zange kurze Zeit in eine Kerzenflamme und schieben ihn dann zur Hälfte vorsichtig von unten in die Kerze. Pro Kerze braucht man zwei bis drei kurze Steckdrähte. Die herausschauenden Drähte werden in die Strohunterlage gesteckt.

6 Weiteren Schmuck können Sie entweder andrahten und dann in die Unterlage stecken oder ganz einfach mithilfe einer Heißklebepistole aufkleben. Der Kleber kommt wirklich sehr heiß aus der Pistole, sodass Kinder schon etwas Übung haben sollten, um diese gefahrlos zu verwenden. Legen Sie die Sterne, Zapfen und Nüsse zuerst probeweise auf den Kranz und arrangieren Sie den Schmuck so lange auf dem begrünten Rohling, bis Ihnen Ihr Werk gefällt. Dann kleben Sie die Teile zügig auf.

Neben echten Zimtsternen werden hier noch kleine Holzsterne aufgeklebt. Überladen Sie den Kranz aber nicht. Manchmal ist weniger wirklich mehr.

Dinkel-Duftkissen nähen

Wärme und ein schöner Duft sind die besten Zutaten für eine Kuschelstunde an kalten Wintertagen. Vereinigen kann man sie in einem Kissen, das Sie mit Dinkelkörnern und getrockneten Lavendelblüten füllen. Wenn Sie mit einer Nähmaschine umgehen können, ist so ein duftendes Wärmekissen schnell gemacht. Bei den einzelnen Schritten können Kinder behilflich sein. Dinkel-Duftkissen kann man auf der Heizung, im Backofen oder in der Mikrowelle erhitzen. Die Körner speichern die Wärme und geben sie langsam wieder ab. Sie können das Kissen in jeder Größe nähen. Unser Kissen hat eine Größe von 23 × 15 cm. Damit die Füllung gut verteilt bleibt und nicht verrutscht, ist das Kissen in zwei gleich große Kammern unterteilt.

So wird's gemacht:

1 Für die Kissenhülle brauchen Sie einen schönen Stoff aus hitzebeständigen Naturfasern. Baumwolle oder Leinen sind gut geeignet. Eine große Auswahl an Stoffen gibt es in Spezialgeschäften für Patchwork-Zubehör. Haben Sie ein solches Geschäft nicht vor Ort, können Sie den Stoff auch in verschiedensten Onlineshops bestellen (Bezugsquellen: siehe Seite 116). Schneiden Sie den Stoff in einer Größe von 25 × 32 cm zu.

2 Damit der Stoff nicht ausfranst, werden zuerst die Kanten versäubert. Das heißt, man näht mit einem Zickzackstich um das gesamte Stoffstück. Dann schlagen Sie die lange Seite des Stoffes um, sodass die Stoffhälften rechts auf rechts liegen. Bügeln Sie den Stoff um. Nähen Sie die Kissenhülle an den Seiten und der oberen Kante zu. In der Mitte der oberen Kante bleibt dabei eine Öffnung von etwa 6 cm.

3 Durch diese Öffnung wird der Stoff jetzt wieder auf rechts gezogen. Bügeln Sie die Kissenhülle glatt. Halbieren Sie die Hülle an der Längsseite und bügeln Sie einen Knick in die Mitte. Auf diesem Knick entlang nähen Sie eine gerade Naht mit der Nähmaschine. So wird das Kissen in zwei Kammern unterteilt. Jede Kammer hat an der oberen Seite eine Öffnung von 3 cm.

4 Mischen Sie für jede Kammer in einer kleinen Schüssel 125 g Dinkelkörner mit 2 Teelöffeln getrockneten Lavendelblüten. Lavendelblüten können Sie selbst trocknen (siehe Seite 50 ff.) oder z. B. in einem Teeladen kaufen. Mithilfe eines Trichters werden Körner und Blüten in das Kissen gefüllt.

5 Ganz geschickte Schneiderinnen nähen die Kissenöffnung mit einem nahezu unsichtbaren »Matratzenstich« mit der Hand zu. Schneller geht es, wenn Sie die Öffnung mit der Nähmaschine ganz knapp an der Stoffkante verschließen.
TIPP: Körnerkissen können nicht gewaschen werden. Nähen Sie eine waschbare Hülle für das Kissen. Dazu schneiden Sie ein Stoffstück von 27 × 34 cm zu, halbieren es, wie das Kissen, rechts auf rechts, und nähen die lange Seite und eine schmale Seite zu. Ziehen Sie die Hülle auf rechts und versäubern Sie an der offenen Seite die Kante, indem Sie sie nach innen einschlagen und feststeppen.

6 Körnerkissen werden in der Mikrowelle oder im Backofen aufgewärmt. Mikrowelle: 2 Minuten bei 600 Watt, nach einer Minute umdrehen; Backofen: 30 Minuten bei 100 °C, nach 15 Minuten umdrehen. Der Duft der Lavendelblüten unterstützt die entspannende Wirkung. Setzen Sie das Kissen wie eine Wärmflasche ein. Es hilft gegen kalte Füße, bei Bauchweh oder Verspannungen.

AUF EINEN BLICK

Guter Zeitpunkt: Ganzjährig möglich
Zeitbedarf: 30 bis 45 Minuten
Schwierigkeitsgrad: Mittel
Material und Werkzeug: Stoff aus Naturfasern, farblich passendes Nähgarn, Dinkelkörner, Lavendelblüten, Schere, Maßband, Nähmaschine, Nähnadel, Bügeleisen

Stimmungsvolle Eislaterne basteln

Ein Licht aus Feuer und Eis, so etwas Spannendes kann man nur im Winter basteln. Wenn es draußen knackig kalt ist, hält die Eislaterne am längsten. Eine Kerze oder ein Teelicht im Inneren des eisigen Gefäßes verbreitet stimmungsvolles Licht. Man kann sie auf der Terrasse so aufstellen, dass man sich von drinnen an ihrem Anblick erfreuen kann. Auch zur Begrüßung an der Haustür lässt sie sich gut in Szene setzen.

Die Grundidee für die Herstellung einer Eislaterne ist ganz simpel: Zwei verschieden große Gefäße werden ineinandergesetzt. Der Zwischenraum wird mit Wasser und Dekomaterial gefüllt und dann tiefgefroren. An Gefäßen ist erlaubt, was gefällt, nur frostfest müssen sie sein.

Unsere Eislaternendeko besteht aus reinen Naturmaterialien: Von einem kleinen Rundgang durch den Garten haben wir Brombeerranken, Beeren vom Schneeball, Hagebutten und einen Mistelzweig mitgebracht. Gut geeignet sind auch kurze Triebe von grünen Nadelbäumen oder Stechpalmen, Eicheln, die Hüllen von Bucheckern – eben alles, was der Herbst hervorgebracht hat. Kinder haben oft eigene kreative Ideen. Wie wäre es z. B. mit eingefärbtem Wasser (Lebensmittelfarbe)? Oder mit Gummibärchen als Deko im Eis? Stellen Sie die eingefärbten Modelle unbedingt in einen tiefen Untersetzer, damit das Schmelzwasser aufgefangen wird und keine Flecken verursacht.

So wird's gemacht:

1 Sie benötigen lediglich zwei verschieden große Eimer, wobei der kleinere einen Henkel haben sollte, kleine Steine, einen Holzstab, Zweige und Beeren sowie eine Gartenschere. Stellen Sie zudem in einer Gießkanne kaltes Wasser bereit.

2 Schieben Sie den Stab durch den Henkel des kleineren Gefäßes und hängen Sie dieses so in die Mitte des größeren Eimers. Damit ein Eisboden entstehen kann, darf der kleine Eimer nicht auf dem Boden des größeren Gefäßes stehen. Beschweren Sie den kleinen Eimer mit den Steinen, damit er später im Wasser nicht auftreibt. Der Raum zwischen den Gefäßen sollte rundherum mindestens 2 cm breit sein.

3 Jetzt werden die Dekostücke aus dem Garten eingearbeitet. Schneiden Sie die Zweige auf eine passende Länge und füllen Sie den Raum zwischen den Eimern damit aus. Einige Zweige und Beeren dürfen ruhig auch etwas über den Rand schauen. Der Zwischenraum muss nicht komplett »ausgestopft« werden. Locker angeordnetes Material kommt viel besser zur Wirkung.

4 Nach dem Anordnen der Zweige fehlt nur noch das Wasser, das im gefrorenen Zustand die Laternenwand bildet. Gießen Sie es langsam in den Zwischenraum, bis es etwa 2 cm unter dem Rand des Innengefäßes steht. Der kleine Eimer darf nicht bis über den Rand eingefroren werden, da man ihn dann nicht mehr aus dem Innenraum lösen kann.

5 Nach zwei Tagen in der Tiefkühltruhe ist es dann so weit: lassen Sie zuerst etwas Wasser außen über den großen Eimer laufen. Dann können Sie alles am Henkel des kleinen Gefäßes aus dem großen Eimer ziehen. Gießen Sie nun Wasser in den kleinen Eimer, um diesen ebenfalls herauszulösen.

6 Fertig ist eine wunderschöne Laterne. Je kälter es draußen ist, desto länger hält das attraktive Schmuckstück.

AUF EINEN BLICK

Guter Zeitpunkt: Wenn es draußen friert
Zeitbedarf: Ca. 30 Minuten ohne Tiefkühlzeit
Schwierigkeitsgrad: Einfach
Material und Werkzeug: Zwei verschieden große Eimer, der kleinere mit Henkel, Steine, Holzstab, Früchte und Zweige aus der Natur, Wasser

107

Vogelfutter-Anhänger basteln

Mit diesen dekorativen Vogelfutteranhängern schlagen Sie gleich zwei Fliegen mit einer Klappe: Sie helfen den bei uns überwinternden Vögeln bei der schwierigen Nahrungsbeschaffung im Winter und können gleichzeitig ein Bäumchen auf der Terrasse oder im Garten schön winterlich schmücken. Für Kinder ist es eine besondere Freude, den Vögeln etwas Gutes zu tun. Sie haben so die Gelegenheit, auch mitten in der Stadt lebendige Natur zu erleben. Hängen Sie das Futter so auf, dass es von einem Fenster aus gut sichtbar ist. Dann können Sie die Vögel aus dem warmen Zimmer heraus beim Fressen beobachten. Mit der Vogelfütterung beginnt man nicht streng nach Kalender, sondern erst bei Dauerfrost oder geschlossener Schneedecke. Bis dahin finden die Vögel in der Regel genügend Futter in den Parks und Gärten. Die Vögel gewöhnen sich allerdings an die Futterstellen, sodass man die Quelle auch bei offener Wetterlage bis etwa März nicht ganz versiegen lassen sollte.

Bei der Vogelfutterherstellung verwenden Sie am besten Mischfutter. Dann können sich die »Körnerfresser« (z. B. Dompfaff, Spatz und Kernbeißer) und die »Weichfresser« (z. B. Rotkehlchen, Meise, Amsel, Zaunkönig) ihre jeweilige Lieblingsspeise herauspicken. Weitere Informationen zum Thema Winterfütterung bekommen Sie beim Naturschutzbund Deutschland, kurz NABU (Adresse: siehe Seite 116).

So wird's gemacht:

1 Stellen Sie alle Zutaten zusammen. Sie brauchen: 2 Teile Sonnenblumenkerne, 1 Teil kernige Haferflocken, 1 Teil Rosinen, Palm- oder Kokosfett, verschiedene Keksausstecher, Bindfaden oder Geschenkband, zum Verzieren z. B. grüne Tannenspitzen und Hagebutten.

2 Das Fett wird in einem Kochtopf auf der heißen Herdplatte langsam erwärmt, bis es geschmolzen ist. Lassen Sie es etwas abkühlen und geben Sie es, solange es noch flüssig ist, in eine hohe Schüssel.

3 Stellen Sie die Zutaten abgemessen in Gefäßen bereit. Dann können auch kleine Kinder das Futter selbst anrühren. Die Haferflocken, Sonnenblumenkerne und Rosinen werden zu dem Fett gegeben und gut verrührt. Die Masse muss abkühlen. Stellen Sie die Schüssel dazu nach draußen. Sie können weiterarbeiten, wenn das Fett hart wird, aber noch formbar ist. Wenn Sie den Zeitpunkt verpasst haben, können Sie die Mischung einfach wieder erwärmen.

4 In der Zwischenzeit werden die Plätzchenausstecher vorbereitet. Binden Sie oben um den Ausstecher einen Bindfaden, mit dem Sie die Figur später aufhängen können. In der Adventszeit kann man dazu auch weihnachtliches Geschenkband verwenden. Legen Sie die Ausstecher auf ein Holzbrett – hier kann Ihr Kind sie mithilfe eines Teelöffels füllen.
TIPP: Reste von angerührtem Futter, die Sie nicht in Plätzchenausstechern unterbringen, streichen Sie einfach an einen Baumstamm. Die Vögel werden das Futter wegpicken.

5 Die gefüllten Ausstecher müssen jetzt an einem kühlen Platz vollkommen aushärten. Das geschieht am besten über Nacht. Lösen Sie die Förmchen dann mit einem Messer von dem Brett. Zum Abschluss werden die Ausstecher mit etwas Tannengrün und ein paar Hagebutten dekoriert. Die »Verzierung« kann einfach mit in den Aufhänger geknotet werden.

AUF EINEN BLICK

Guter Zeitpunkt: Ab einsetzendem Dauerfrost
Zeitbedarf: Ca. 30 Minuten ohne Abkühlzeit
Schwierigkeitsgrad: Einfach
Material u. Werkzeug: Vogelfutter, Palm- oder Kokosfett, Plätzchenausstecher, Bindfaden, Kochtopf, Schüsseln, Kochlöffel, Teelöffel, Holzbrett

109

Vogelfutterhaus bauen

Unser Vogelfutterhäuschen ist als Silo konstruiert. Sobald die Körner unten weggefressen sind, rutscht neues Futter nach.

Eine Vogelfutterstelle im Garten bereitet nicht nur Kindern ein großes Vergnügen. Groß und Klein macht es riesigen Spaß, die Tiere zu beobachten und dabei immer mehr Vogelnamen zu lernen. Die Winterfütterung ist nicht ganz unumstritten. Trotzdem haben sich auch die großen Naturschutzverbände für eine Fütterung ausgesprochen, wenn dabei ein paar wichtige Regeln beachtet werden. Unschlagbar ist das Argument, dass solche Erlebnisse wichtig sind, um bei Kindern das Interesse an ökologischen Zusammenhängen zu wecken.

Mit der Winterfütterung beginnt man bei starkem Frost oder geschlossener Schneedecke. Bis zum Frühjahr sollte die Futterquelle dann aber nicht versiegen, da sich die Vögel daran gewöhnen. Bei offener Wetterlage kann die Futtermenge reduziert werden. Futterhäuschen müssen sehr sauber gehalten werden, damit keine Krankheiten übertragen werden. Und es ist wichtig, das richtige Futter zu verwenden. Informationen bekommen Sie beim NABU (Adresse: siehe Seite 116).

AUF EINEN BLICK

Guter Zeitpunkt: Oktober und November
Zeitbedarf: 2 bis 3 Stunden
Schwierigkeitsgrad: Anspruchsvoll

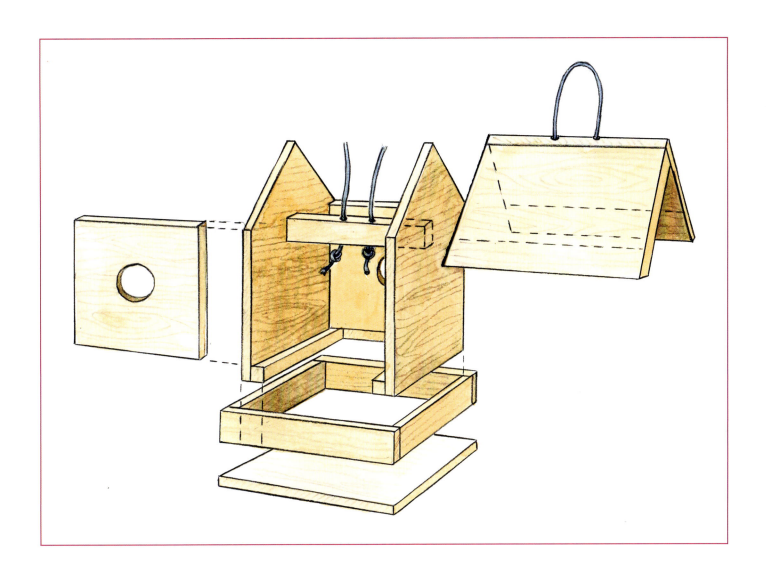

Materialliste:

- Sperrholz 12 mm dick:
  - 1 Bodenplatte 15 × 13 cm
  - 1 Dachseite 15 × 13 cm
  - 1 Dachseite 15 × 12 cm
  - 2 Wände, 12,5 × 10,5 cm, mit Fenster (Lochdurchmesser 6 cm)
  - 2 Giebelwände 19 × 10,5 cm
- Holzleisten:
  - 1,4 × 1,4 cm: 2 × 10,5 cm lang
  - 1,4 × 2,8 cm: 2 × 15 cm lang, 2 × 16 cm lang
  - 2,0 × 3,0 cm: 1 × 10,5 cm lang
- 2 transparente Plastikdeckel (vom Joghurtbecher), Stahlnägel, Holzleim, dicke Kordel (70 cm lang), Grundierung, wetterfeste Farbe
- Werkzeug: Hammer, Nagelhilfe, Stichsäge, Bohrmaschine mit Kreisbohrer 6 cm und 6-mm-Holzbohrer, Zollstock, Pinsel

So wird's gemacht:

1 Das Sperrholz können Sie sich im Baumarkt zuschneiden lassen. Meistens wird man Ihnen aber nur die »geraden« Schnitte abnehmen. Selbst sägen müssen Sie die Sichtlöcher in den Seitenwänden und die Dachschrägungen an den Giebelwänden. Die Sichtlöcher werden mit einem Kreisbohrer (Durchmesser 6 cm) in das Holz gebohrt. Für die Dachschräge zeichnen Sie längs eine Mittellinie auf die Giebelwand und eine Querlinie, 5 cm unterhalb der Oberkante. Jetzt können Sie die Dachschräge einzeichnen und diese mit einer Stichsäge zuschneiden.

2 Der Zusammenbau des Vogelfutterhäuschens beginnt mit der Erstellung des Bodens. Nageln Sie die vier mitteldicken Leisten rund um die Bodenplatte, sodass eine Art Teller entsteht, von dem das Futter später nicht herunterrutschen kann. Die Leisten werden einfach voreinander genagelt. Sie anzubringen ist nicht schwer, lassen Sie Ihr Kind hier ruhig einmal sein handwerkliches Geschick erproben.

3 An der etwas längeren Seite des Futtertellers wird die erste Giebelwand angebracht. Mit kurzen Stahlnägeln wird sie von innen direkt auf die Leiste genagelt. In den Winkel zwischen Giebelwand und Boden kleben Sie eine der beiden schmalen Leisten. Auf der gegenüberliegenden Seite wird die zweite Giebelwand aufgenagelt. Das ist etwas knifflig, da man kaum Platz für den Hammer hat. Benutzen Sie, eine Nagelhilfe und versuchen Sie die Nägel damit leicht schräg einzutreiben. Kleben Sie auch an dieser Seite eine Leiste auf.

4 Die Seitenwände mit den Fenstern werden zwischen die Giebelwände geschoben. Sie stehen auf den schmalen Leisten, sodass eine Öffnung entsteht, durch die das Futter auf den Teller nach außen nachrutschen kann. Die Seitenwände werden mit Nägeln von außen mit den Giebelwänden verbunden.

5 Jetzt wird die letzte noch übrige Leiste eingebaut. Man benötigt sie für die Befestigung des Daches und für das Anbringen der dicken Kordel, mit der das Vogelfutterhäuschen aufgehängt wird. Klemmen Sie die Leiste oben zwischen die Giebelwände und fixieren Sie sie von außen mit Nägeln.

6 Die beiden Dachhälften sind unterschiedlich groß. Sie werden stumpf voreinander genagelt. Die längere Seite nagelt man auf die kürzere, sodass schließlich ein Dreieck mit gleichlangen Schenkeln entsteht.

7 Um das Dach zu befestigen und um eine Aufhängung für das Vogelfutterhäuschen anbringen zu können, legen Sie das Dach auf den Unterbau. Mit einer Bohrmaschine, bestückt mit einem 6 mm dicken Holzbohrer, bohren Sie jetzt zwei Löcher im Abstand von ca. 7 cm. Setzen Sie die Bohrmaschine auf dem First an und bohren Sie so tief, dass auch die darunter angebrachte Leiste durchbohrt wird.

8 Zum Anstreichen werden Dach und Unterbau jetzt noch einmal auseinandergenommen. Besonders haltbar ist der Anstrich, wenn Sie ihn in zwei Schichten auftragen. Zuerst erfolgt ein heller Voranstrich mit einer Holzgrundierung. Nach der Trocknung erfolgt die farbige Lackierung. Dach und Futterteller haben wir weiß lackiert, Seiten- und Giebelwände grün. Natürlich sind auch viele andere Farbkombinationen möglich.

9 Nachdem der Anstrich gut durchgetrocknet ist, fehlen nur noch wenige Feinarbeiten. Zuerst werden die runden Fenster mit den ausgeschnittenen, transparenten Joghurtdeckeln zugeklebt. Vollendet wird das Bauwerk mit der Kordelaufhängung. Fädeln Sie beide Enden der Kordel durch das Dach und die Leiste. Unten werden an beiden Enden dicke Knoten angebracht, sodass sie nicht durch die Löcher rutschen kann. Das ist kein einfaches Projekt, aber eines, das in vielen Wintern Freude bereiten wird.

Das Dach lässt sich hochschieben, sodass man das Haus leicht mit Futter auffüllen kann. In einem Mischfutter findet jede Vogelart ihre Lieblingsspeise.

Adressen, die Ihnen weiterhelfen

Anzuchtmaterialien

Bonsai-Zentrum Münsterland GmbH
Raiffeisenstraße 22
59387 Ascheberg
Tel.: 0 25 93 / 95 87 13
www.bonsai.de

Gartenbedarf-Versand
Richard Ward
Günztalstr. 22
87733 Markt Rettenbach
Tel.: 0 83 92 / 16 46
www.gartenbedarf-versand.de

Gärtner Pötschke
Beuthener Straße 4
41561 Kaarst
Tel.: 0 18 05 / 86 11 00
www.poetschke.de

Nisthilfen

W. Neudorff GmbH KG
An der Mühle 3
31860 Emmerthal
Beratungstel.: 01 80 / 5 63 83 67
www.neudorff.de

Schwegler
Vogel- und Naturschutzprodukte GmbH
Heinkelstr. 35
73614 Schorndorf
Tel.: 0 71 81 / 9 77 45 – 0
www.schwegler-natur.de

Gartenbedarf für Kinder

Christian Altekrüger
Gartendesign
In den Dornen 13
32791 Lage
Tel.: 0 52 32 / 6 98 93 11
www.der-garten-versand.de

Duft- und Wandelgärtnerei Schoebel
Hindenburgplatz 3
29468 Bergen/Dumme
Tel.: 0 58 45 / 2 37
www.gaertnerei-schoebel.de

Keimzeit Saatgut-Fachversand
Tanja Beddies
Hainholzweg 3
21358 Mechtersen
Tel.: 0 41 78 / 8 18 99 50
www.keimzeit-saatgut.de

Kräuterei
Silvia Heinrich
Alexanderstraße 29
26121 Oldenburg
Tel.: 04 41 / 88 23 68
www.kraeuterei.de

Weidenruten
Re-natur GmbH
Charles-Roß-Weg 24,
24601 Ruhwinkel
Tel.: 0 43 23 / 90 10 – 0
www.re-natur.de

Bastelmaterialien

Ikea
Filialen weltweit unter:
www.ikea.com

Jako-o GmbH
Werner-von-Siemens-Str. 23
96476 Bad Rodach
Tel.: 0 18 05 / 24 68 10
www.jako-o.de

Labbé Kinderbastelladen, Köln
Richard-Wagner-Str. 31
50674 Köln
Tel.: 02 21 / 21 02 95

Labbé Kinderbastel-Laden, Düsseldorf
Binterimstr. 1
40223 Düsseldorf
Tel.: 02 11 / 33 38 22
www.labbe.de

Quiltmaus
Marita Meier
Ostenallee 133
59071 Hamm
Tel.: 0 23 81 / 9 87 98 94
www.quiltmaus.de

Patchworkoase
Gabriele Schötta
Rechbergstr. 6
87737 Boos
Tel.: 0 83 35 / 98 67 77
www.patchwork-oase.de

Wehrfritz
Familienoutlet
Coburger Straße 53
96476 Bad Rodach
Tel.: 08 00 / 8 82 77 73
www.wehrfritz.de

Informationsstellen

Bund für Umwelt und Naturschutz
Deutschland e.V. (BUND)
Bundesgeschäftsstelle
Am Köllnischen Park 1
10179 Berlin
Tel.: 0 30 / 2 75 86 – 40
www.bund.net

Naturschutzbund Deutschland e.V.
Bundesgeschäftsstelle (NABU)
Charitéstraße 3
10117 Berlin
Postanschrift:
10108 Berlin
Infotel.: 0 30 / 28 49 84 – 60 00
www.nabu.de

Stichwortverzeichnis

Seitenzahlen mit * verweisen auf Abbildungen

Abzugsloch 30
Adventskranz 100–103, 100–103*
Akkuschrauber 19, 19*, 32, 33*, 94
Anzucht 11, 11*
Anzuchtschale 12
Apfel 36, 37*, 89, 99*
Apfelblüte 36
Apfelkerne 72, 73*
Armband 72, 73*
Aubergine 24, 32, 33*
Ausläufer 28
Aussaat 6*, 10*, 11, 15*
Aussaaterde 11, 12

Balkontomate 32
Ballbrause 12, 12*, 58
Bambusstange 40, 40*
Bauerngarten 74
Beeren 106
Beet 22
Bienen 22
Bilderrahmen 84, 84*
Birne 36
Blähton 28, 30, 75
Blätter 82-87, 82-87*
Blattfarbstoff 82
Blattfärbung 82
Blattsalat 54, 55*
Blumenkasten 24
Blumenzwiebeln 78, 79*
Blumenzwiebeln 7*
Blüten. essbar 54, 55*
Bohnentipi 40, 40*, 41, 41*
Bohrmaschine 114, 114*
Borretsch 54, 57*
Bratäpfel 98, 99*
Bucheckern 72, 73*, 88

Chips 26

Dill 22
Dinkelduftkissen 104, 105*
Drahtklammern 88

Duftgeranie 58, 59*
Dünger, organisch 22
Dunkelkeimer 12

Eicheln 72, 73*, 88
Eisheilige 40
Eislaterne 106, 107
Erdbeeren 24, 25, 28*, 29*
Erdbeerpflanzen 28, 29*
Erdbeertopf 28, 29*

F1 – Hybriden 70
Feuerbohne 40, 40*, 41, 41*
Flasche 36, 37*
Florfliegen 63, 66, 67*
Flüssigdünger 24
Folie 19
Frauenmantel 56, 57*
Frauenschuh 56, 57*
Frühjahrsblüher 78, 81*
Frühjahrsblüher 34, 35*
Frühling 8, 8*, 9, 9*
Futterstelle 95, 95*

Gemüse 21
Geranie 58
Girlande 72, 73*
Grabgabel 21
Grabwespe 66, 67*

Hagebutten 88, 90, 100, 106, 107*
Halbhöhle 42
Halskette 72, 73*
Hauswurz 76
Heidelbeeren 30, 31*
Heidelbeersträucher 30, 31*
Heißklebepistole 91, 91*
Herbarium 85, 85*
Herbst 68, 68*, 69, 69*
Herbstblätter 82–87, 82–87*
Herbstkranz 88–91, 88–91*
Herbstlaub 92, 92*
Herbstlaub, Laterne 86–87, 86–87*
Herzblättchen 28
Hochbeet 18–21, 18–21*
Höhlenbrüterkasten 42, 43*
Honig 98, 99*

Hummeln 22
Hyazinthen 80, 81*
Hyazinthen, Gläser 80, 81*
Hyazinthen, Treiberei 80

Igel 95, 95*
Igelhaus 92–95, 92–95*
Insekten 22
Insektenhotel 60–65, 60–65*

Jungpflanzen 10, 21

Käfer 92
Kapuzinerkresse 54, 55*
Kartoffeln 21, 26, 26*, 27*
Kastanien 72, 73*, 88
Keimblätter 13, 13*
Keimung 12
Kerzen 100*, 102, 103*
Kinderbeet 14, 15, 14–17*
Kissen 104, 105*
Kohlrabi 20, 21
Kompost 20
Koniferen 101, 101*
Königsknospe 32
Kopfweiden 39
Körnerkissen 104, 105*
Kräuter 22, 23*, 50–53, 50–53*
Kräuterbeet 22, 23*
Kräuteröl 50, 50*, 53, 53*
Kressesaat 75, 75*
Kübel 24
Kulturheidelbeeren 30, 31*

Larven 92
Laterne 86–87, 86–87*, 106, 107*
Lavendel 24
Lavendelblüten 104, 105*
Lebende Steine 56, 57*
Lehm 61
Leimholz 62
Lochziegel 61, 61*

Mangold 24, 25*
Marienkäfer 63, 66, 67*
Mauerbiene 66, 67*
Melisse 50

117

Mimose 56, 57*
Miniaturgarten 74–77, 74–77*
Minigewächshaus 58, 59*
Minipflanzen 74, 74*, 76, 76*, 77, 77*
Miniteich 46–49, 46–49*
Minze 50
Mittelstarkzehrer 22
Mohn, Samen 70, 71*
Möhren 20, 21
Moorbeetpflanzen 30
Moos 89
Multitopfplatten 13
Mutterpflanze 58

Narzissen 78
Naturperlenkette 72, 73*
Nisthilfe 60
Nistkasten 42, 43*
Nützlinge 60, 63

Osterfest 34
Ostergras 34, 35*
Ostern 34
Osternest 34, 35*

Papiertopfpresse 10
Paprika 24
Peperoni 32, 33*
Petersilie 22
Pflanzenbestimmung 85
Pflanzenpresse 83
Pflanzkartoffeln 26, 27*
Pflanzkörbe 47, 47*
Pflanzschock 13
Pikieren 10, 13
Pikierstab 13

Radieschen 20, 21, 24
Regenwasser 30
Regenwasser 49
Regenwürmer 19
Ringelblume, Samen 70, 71*
Ringelblumen 54, 55*
Rohrkolben 48, 48*
Rosinen 98, 99*
Rosmarin 24
Rucola 24

Saatschalen 10
Salat 20, 21
Salat 54, 55*

Salbei 24
Samen 70, 71*
Samenernte 70
Sandkasten 22, 23*
Schlangengurke 24, 25*
Schmetterlinge 22, 64, 66, 66*
Schnecken 92
Schnittlauch 22
Schnittsalat 24
Schwachzehrer 22
Schwimmpflanze 47, 49, 49*
Seerose 46, 46*, 48, 48*
Solitärbienen 60
Sommer 44, 44*, 45, 45*
Sonnenblume, Samen 70, 71*
Sonnentau 56, 57*
Spezialerde 30
Starkzehrer 32
Staunässe 26
Stecklinge 58, 59*
Stichsäge 94
Strohkranz 89, 89*, 91, 101, 101*, 102, 102*
Sumpfvergissmeinnicht 49, 49*

Tagetes 20
Tannengrün 100, 100*, 102, 102*
Tee 51
Teekräuter 52, 52*
Teich 46
Tipi 38 ,38*, 39, 39*
Tomaten 24, 32, 33*
Töpfe 24
Tulpen 78, 79*

Umweltschutz 42

Vanillesoße 98, 99*
Venusfliegenfalle 56, 57*
Veredelt 32
Veredlungsstelle 32
Vogel 42
Vogelfutter 108, 109*, 110, 115*
Vogelfutteranhänger 108, 109*
Vogelfutterhaus 110–115, 110–115*
Vogelfutterstelle 108, 109*, 110109*
Vogelfütterung 108, 109*
Vortreiben 78

Walnüsse 98, 99*
Wärmekissen 104, 105*

Wärmflasche 104, 105*
Wasserpflanze 46, 46*, 48
Weide 38, 38*, 39, 39*
Weidentipi 38, 38*, 39, 39*
Wildbienen 60
Winter 96, 96* ,97, 97*
Winterfütterung 108, 109*, 110
Wurzelbildung 78
Wurzelbildung 58

Ziegel 62
Zieräpfel 90, 90*
Zierkürbisse 91
Zimmergewächshaus 11
Zinkwanne 46, 46*, 47, 47*
Zuckermais 14, 14*, 15*
Zwiebelblumen 78, 79*

Über die Autorin

Dorothea Baumjohann absolvierte zunächst eine Ausbildung als Gärtnerin im Bereich Blumen und Zierpflanzen. Nach mehreren Praxisjahren in verschiedenen Gärtnereien und im Botanischen Garten Osnabrück studierte sie Gartenbau an der Fachhochschule Osnabrück. 1998 gründete sie zusammen mit ihrem Mann Peter Baumjohann »Die grüne Kamera« – eine Bildagentur für Gartenfotos mit den Schwerpunktthemen Pflanzenkrankheiten, Pflanzenschädlinge und Arbeitsschritte im Garten. Die Bilder werden in verschiedenen nationalen und internationalen Gartenzeitschriften und Gartenbüchern veröffentlicht. Mehr unter www.gruene-kamera.de.

Impressum

Bibliografische Information der Deutschen Nationalbibliothek

Die Deutsche Nationalbibliothek verzeichnet diese Publikation in der Deutschen Nationalbibliografie; detaillierte bibliografische Daten sind im Internet über http://dnb.d-nb.de abrufbar.

BLV Buchverlag GmbH & Co. KG
80797 München

© 2012 BLV Buchverlag GmbH & Co. KG, München

Das Werk einschließlich aller seiner Teile ist urheberrechtlich geschützt. Jede Verwertung außerhalb der engen Grenzen des Urheberrechtsgesetzes ist ohne Zustimmung des Verlags unzulässig und strafbar. Das gilt insbesondere für Vervielfältigungen, Übersetzungen, Mikroverfilmungen und die Einspeicherung und Verarbeitung in elektronischen Systemen.

Bildnachweis:
Alle Bilder von Dorothea Baumjohann, waußer Seite 67or, Ml und Mr: Klaus Kuttig
Grafiken: Sylvia Bespaluk

Umschlagkonzeption: Kochan & Partner, München
Umschlagfotos: Dorothea Baumjohann

Programmleitung Garten: Dr. Thomas Hagen
Lektorat: Sandra Hachmann

Herstellung: Hermann Maxant
DTP: Satz+Layout Fruth GmbH, München

Gedruckt auf chlorfrei gebleichtem Papier

Printed in Germany

ISBN 978-3-8354-0917-0

Hinweis
Das vorliegende Buch wurde sorgfältig erarbeitet. Dennoch erfolgen alle Angaben ohne Gewähr. Weder Autoren noch Verlag können für eventuelle Nachteile oder Schäden, die aus den im Buch vorgestellten Informationen resultieren, eine Haftung übernehmen.

Kinderglück – selbstgebaut!

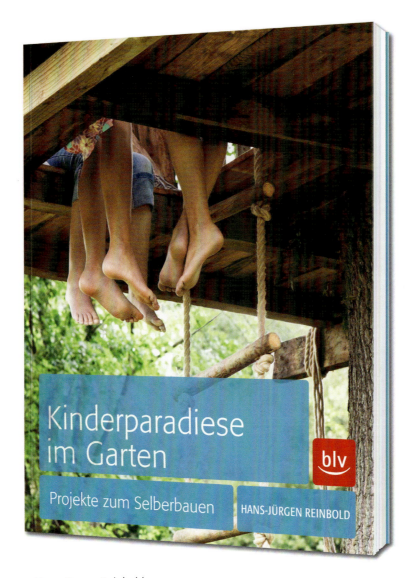

Hans-Jürgen Reinbold
Kinderparadiese im Garten
Von ganz einfach bis etwas aufwendiger: Bauprojekte für den Garten, die Kinder von 2 bis 14 Jahren begeistern · Torwand, Schaukel, Rutsche, Sandkasten, Wasserlauf, Minigolfbahn, Kletterturm und mehr · Schritt-für-Schritt-Anleitungen zum Nachbauen – auch für kleine Gärten und für handwerklich weniger begabte Eltern.
ISBN 978-3-8354-0887-6